異常気象と温暖化がわかる

どうなる?
気候変動による未来

河宮未知生●監修

知りたい!サイエンス
iLLUSTRATED 004

最新図解

技術評論社

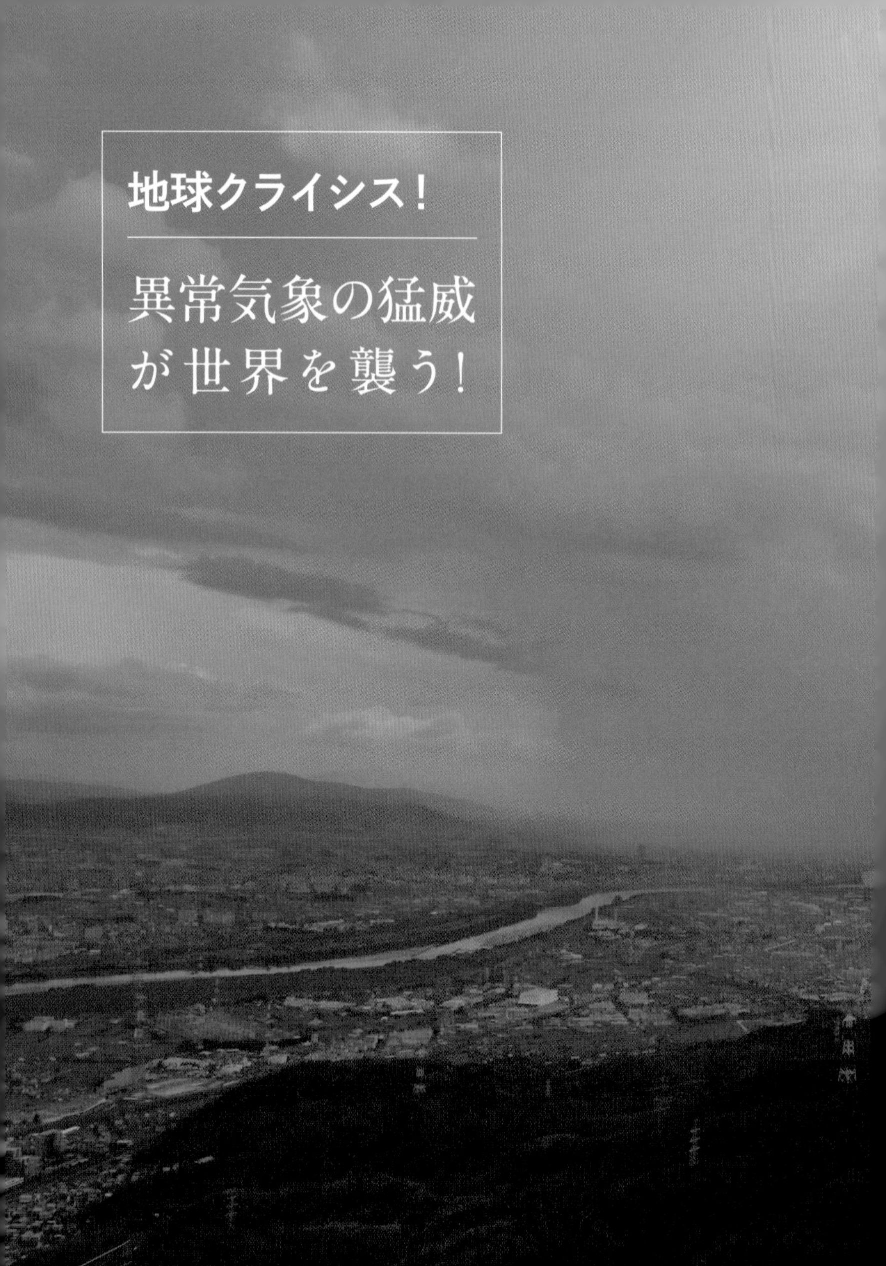
地球クライシス！
異常気象の猛威が世界を襲う！

局地的大雨が都心に大雨をもたらす。

写真提供：朝日新聞社/時事通信フォト

大型で猛烈な台風、台風13号(2015年)は、台湾や中国に大きな被害をもたらした。

写真提供：EPA＝時事

国際宇宙ステーションから撮影した台風13号(2015年)。

写真提供：AFP＝時事

熱波が道路のペンキをも溶かす。2015年、インドでは連日40℃を超える猛暑日が続いた。

写真提供：EPA＝時事

干ばつによって干上がってしまった農地。（オーストラリア／2015年）

写真提供：AFP＝時事

寒波の襲来により、観測史上、最高の積雪となった
ニューヨーク・タイムズスクエアの様子。(2006年)

写真提供：AFP＝時事

はじめに

わたしたちが日々、仕事をしたり冷暖房や自動車を使ったりするときに排出する二酸化炭素のせいで地球の気温が上昇する地球温暖化の影響が、徐々に顕わになりはじめているのではないかという懸念が広がっています。日々のニュースで目にする異常気象や気象災害の様子を見て、近頃そうした極端な現象が頻発しているのではないか、これから先もどんどん増えていくのではないか、と心配している人も多いのではないでしょうか。実際、地球温暖化が進むと、並外れた熱波や豪雨が増えることが予測されています。しかし、具体的にどのような異常気象が増えるのかを予見するのは大変難しい問題です。本書は、普段から降る雨などの気象現象がそもそもどのように発生しているか、という説明もきちんとしながら、通常見られないような極端な現象がどのように発達するか、またそうした現象が地球温暖化によって増えるのか、減るのか、それともよくわからないのか、という点までを丁寧に解説しています。最初から通して読むことで系統的な知識を得ることができますし、各章は予備知識を前提とせずカラフルな写真や図表を用いながら分かりやすく書かれていますので、自分の興味のあるところだけ拾い読みをしても、必要な知識が得られる構成になっています。本書が、異常気象と地球温暖化という、自然科学の課題でありながら社会的にも大事な問題に対して関心をもつ方々の手元で、少しでも役に立てることを願っています。

海洋研究開発機構　河宮未知生

CONTENTS

異常気象と温暖化がわかる
どうなる？ 気候変動による未来

第3章 もっと知りたい異常気象

第１章
すでに異変は始まっている

年々上昇する気温や海水温、最近ニュースを賑わす極端な気象現象、変わりゆく生態系など、気候変動を実感する出来事が身の回りに次々と起こっています。第１章では、地球上で起こっている異変について解説します。

増える猛暑日や熱帯夜
地球は温暖化しているのか

確実に上がっている平均気温

　近年、夏の猛暑日や寝苦しい熱帯夜が増え、熱中症で病院に運ばれる人の多さがニュースになっています(表01-01-01)。一方で、冬は池や湖で氷が張らなくなり、暖冬を実感することも多いはずです。はたして、日本の平均気温は上がっているのでしょうか。

　気象庁によると、日本の年平均気温は現在、100年あたり約1.14℃の割合で上昇しています。特に1990年代以降は、高温となる年が多くなっています。大都市ではヒートアイランド(P.126)の影響も加わり、夏はさらに暑く、冬は暖かく感じられるでしょう。

　日本の気温は上昇傾向にあることがわかりましたが、世界全体で見るとどうでしょうか。IPCC第五次評価報告書(P.136)に掲載されている地上気温の変化の図(図01-01-03)を見ると、年によって変動はあるものの、年平均気温はやはり上昇傾向にあることがわかります。

地球温暖化は起こっているのか？

　このように、世界全体で気温が上昇傾向にあるのは、地球温暖化の影響なのでしょうか。人間活動による地球温暖化とは、人類が排出した二酸化炭素(CO_2)やメタン(CH_4)などの温室効果ガス(P.50)が原因となって地球の気温が上昇していく現象のことをいいます。

　他に有力な要因が見つかっていない一方、温室効果ガスの増加分で気温上昇が説明できることから、最近100年の気温上昇は、地球温暖化による影響があると考えられています。

　ただし、気温上昇は、必ずしも人類の活動だけが原因とは限りません。もともと地球の気候は、人類がいなくても太陽活動や火山の活動、海洋や大気の循環によって、自然に変動してきました。長野県の野尻湖では氷期に生息していたナウマンゾウの化石が発掘されたり、本州で熱帯サンゴの化石が見つかったりするのは、地殻変動も原因のひとつですが、地球が太古

表01-01-01　日本の観測史上の最高気温ランキング

順位	都道府県	地点	観測値	
			℃	起日
1	高知県	江川崎	41.0	2013年8月12日
2	埼玉県	熊谷*	40.9	2007年8月16日
〃	岐阜県	多治見	40.9	2007年8月16日
4	山形県	山形*	40.8	1933年7月25日
5	山梨県	甲府*	40.7	2013年8月10日
6	和歌山県	かつらぎ	40.6	1994年8月8日
〃	静岡県	天竜	40.6	1994年8月4日
8	山梨県	勝沼	40.5	2013年8月10日
9	埼玉県	越谷	40.4	2007年8月16日
10	群馬県	館林	40.3	2007年8月16日

*は気象台等、それ以外はアメダスによるデータ（2014年10月現在）

出典：気象庁HPを元に作成

図01-01-01　猛暑の東京

２年ぶりに猛暑日となった東京都心。路面には逃げ水が現れ、人や車が揺らいで見える。（東京都千代田区、2010年、津村豊和撮影）

の昔から気候変動を繰り返した証拠でもあるのです。

現在の気温上昇とそれに伴う気象や生態系などの変化は、人類の活動と、地球が本来繰り返している気候変動が組み合わさることで起こっていると考えられています。

地球温暖化は止まることもある!?

世界年平均気温の推移を見ると、気温はずっと上昇し続けているのではなく、1950〜1970年代は気温がやや下降傾向にあり、最近の15年間も気温上昇が鈍っています(図01-01-02)。特に最近15年間の気温の停滞は「ハイエイタス」と呼ばれています。このように気温が下がったり、上昇せずに停滞していたりするのは、地球温暖化が止まったからなのでしょうか。

まず、1950〜1970年代の気温下降は、大気中のエアロゾルが増加したためと考えられています。この年代はちょうど第二次世界大戦後の復興期にあたる時期で、日本でも工業化が進み、工場の煙や排気ガスなどが大気中に多く排出されて、四日市ぜんそくなどの公害が発生しました。このエアロゾルが日射を遮る働きをしたのではないかと考えられています。これを日傘効果(P.58)といいます。

ハイエイタスについては、地球が本来繰り返す気候変動が関係しているのではないかという説が有力です。これについては、P.44でもう少しくわしくお話します。このように、人類の活動によって、一見地球温暖化と逆行するような結果が出ることはありますし、人類の活動とは関係のない気候変動によって、地球温暖化が一見停滞・逆行してみえることもあるのです。

用語解説

気候:長期にわたる気象の平均のこと。
猛暑日:1日の最高気温が35℃以上になる日のこと。
熱帯夜:夕方から翌朝までの最低気温が25℃以上になる夜のこと。
エアロゾル:大気中に浮遊する小さな液体や固体の粒子のこと。自然由来のエアロゾルとしては、火山灰や土埃、花粉や波しぶきに含まれる海塩などがある。人的由来のエアロゾルとしては工場の煙や排気ガスにふくまれる煤(すす)、酸性雨の原因となる硫酸塩や硝酸塩など。

図01-01-02　世界平均地上気温の偏差

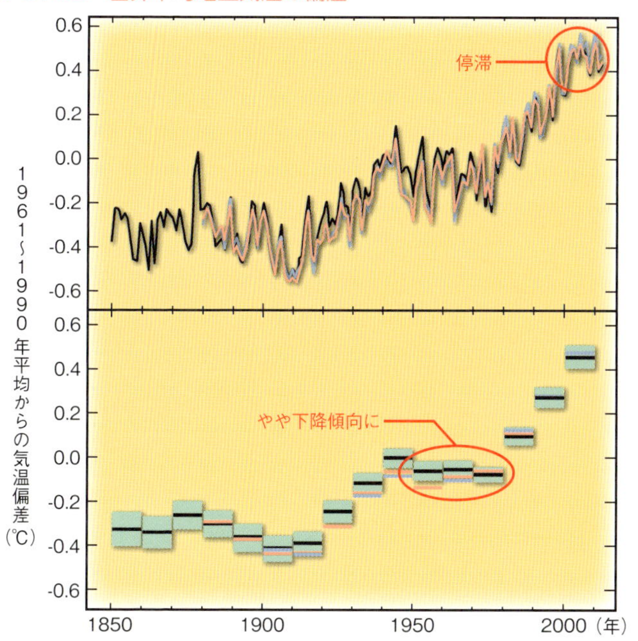

出典：IPCC第五次評価報告書を元に作成

1850～2012年までに観測された陸域と海上とを合わせた世界年平均気温の偏差。上は年平均値で、下は10年ごとの平均値。下のグラフを見れば、下降時期はあるものの、地球の気温がおおむね上昇傾向にあることがよくわかる。

図01-01-03　世界の地域別 地上気温の変化

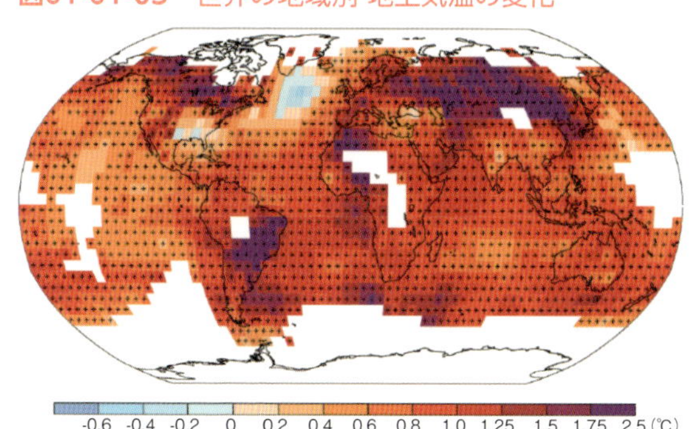

出典：IPCC 第五次評価報告書を元に作成

1901年～2012年の間に地上平均気温が何度上昇したかを世界の地域別に示したもの。気温の上昇度合いには地域差があり、特に高緯度の大陸上で気温上昇傾向にある。

すでに起こっている異変①
雨の降り方が激しくなった

日本で降るスコールのような雨

日本で雨と聞いてイメージするのは、しとしと、ジメジメとした降り方です。一方、熱帯は晴れていると思ったら急に空が暗くなり、ザッと大雨が降ってカラッと晴れるという極端な降り方をします。最近、日本でもこの熱帯のような雨の降り方になるケースが増えてきているように感じます。

実際に、日本の雨の降り方は変化しており、気象庁によると、1時間に50㎜以上の、滝のような非常に激しい雨が降った回数も、1日の降水量が400㎜以上の日も、年によって変動があるものの、年間の観測回数は増加傾向にあります。つまり、大雨の頻度は以前にくらべて高まっているのです。

世界に目を向けてみても、もともと雨がよく降る地域では、降水量はさらに増えてきていますが、サハラ砂漠の周辺地域などの乾燥地域では、干ばつが長引き、乾燥化が進んでいます(図01-02-01)。このように、降水の地域差は年々はっきりとしていく傾向にあります。

降り方が激しくなる日本の雨

日本の雨の降り方が熱帯化するのは、地球温暖化によって気温が上昇したからだと考えられています。なぜ、気温が上昇すると、熱帯のような激しい雨の降り方になるのでしょうか。

これを説明するには、まず雲ができ、雨が降る仕組みについて説明しなければいけません(図01-02-03)。雲は上昇流によってできます。地表と上空の気温差が大きくなると、地表付近の暖かい空気が上空に向かって移動します。これが上昇流です。地上の空気が上空に運ばれて冷やされると、水蒸気が凝結して雲粒ができます。さらに、雲粒同士がぶつかるなどして成長し、大きな雨粒になると、地面に落下します。これが雨です。雲ができる仕組みは、やかんでお湯を沸かした時の湯気とよく似ています。やかんの中の沸騰したお

図01-02-01　観測された陸域の年降水量の変化

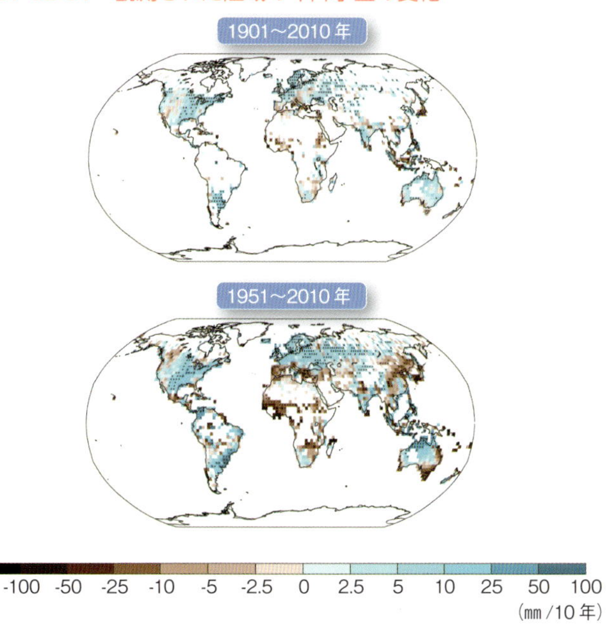

出典：IPCC第五次評価報告書を元に作成

図01-02-02　気温上昇によって雨量が増えるしくみ

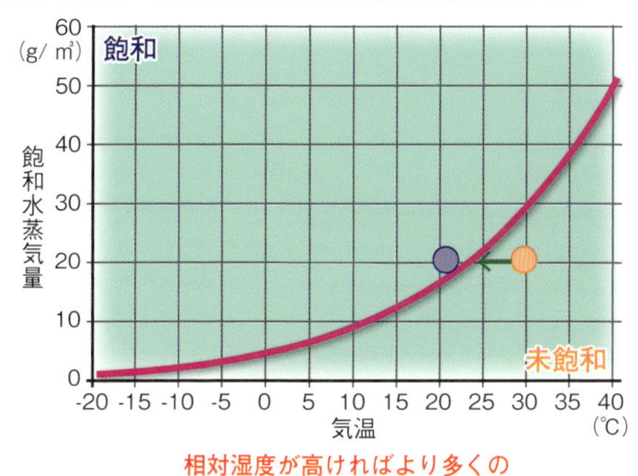

温度30℃・相対湿度60%の空気
→30×0.6＝約20g/㎥の水蒸気量をふくむ

上昇して気温が下がると…

温度22℃まで下がると、この時の温度の飽和水蒸気量と等しくなる。

これよりも温度が下がると水蒸気が凝結し始める。

出典：竹見哲也（京都大学）資料を元に作成

湯から水蒸気が出ると、周囲の空気で冷やされます。すると、水蒸気が小さい水の粒となり、これが湯気となって目に見えるようになるのです。暖かい空気のほうが、冷たい空気よりも多くの水蒸気をふくむことができるため、気温が下がると空気中にふくむことができなくなった分の水蒸気が水になるというわけです。

地上付近の気温が高ければ高いほど、空気がふくむことのできる水蒸気量は指数関数的に増えていきます(図01-02-02)。たとえば、気温30℃のときに大気がふくむことができる水蒸気量(飽和水蒸気量)は、1㎥あたり約30gです。これが35℃になると、飽和水蒸気量は1㎥あたり約40gとなります。気温が5℃上がれば、湿度100%のときの水蒸気量は約30%ほど増えるので、降水量も当然増えるというわけです。

また、地表付近が暖かくなり、上空との温度差が大きくなれば、上昇流の勢いも強くなります。すると、あっという間に雲ができて、激しい勢いで雨を降らせるようになるのです。

表01-02-01　気象及び気候の極端現象

現象及び変化傾向	変化発生の評価 (特に断らない限り1950年以降)	観測された変化に対する人間活動の寄与の評価
ほとんどの陸域で寒い日や寒い夜の頻度の減少や昇温	可能性が非常に高い	可能性が非常に高い
ほとんどの陸域で暑い日や暑い夜の頻度の増加や昇温	可能性が非常に高い	可能性が非常に高い
ほとんどの陸域で継続的な高温/熱波の頻度や持続期間の増加	世界規模で確信度が中程度。ヨーロッパ、アジア、オーストラリアの大部分で可能性が高い	可能性が高い
大雨の頻度、強度、大雨の降水量の増加	減少している陸域より増加している陸域のほうが多い可能性が高い	確信度が中程度
干ばつの強度や持続期間の増加	世界規模で確信度が低い。いくつかの地域で変化した可能性が高い	確信度が低い
強い熱帯低気圧の活動度の増加	長期(百年規模)変化の確信度が低い。1970年以降北大西洋でほぼ確実	確信度が低い
極端に高い潮位の発生や高さの増加	可能性が高い(1970年以降)	可能性が高い

ほぼ確実：>99%、可能性が非常に高い：>90%、可能性が高い：>66%、どちらかといえば：>50%
確信度(証拠の量と一致度)：非常に高い>高い>中程度>低い>非常に低い
出典：IPCC第五次評価報告書を元に作成

図01-02-03　雨の降る仕組み

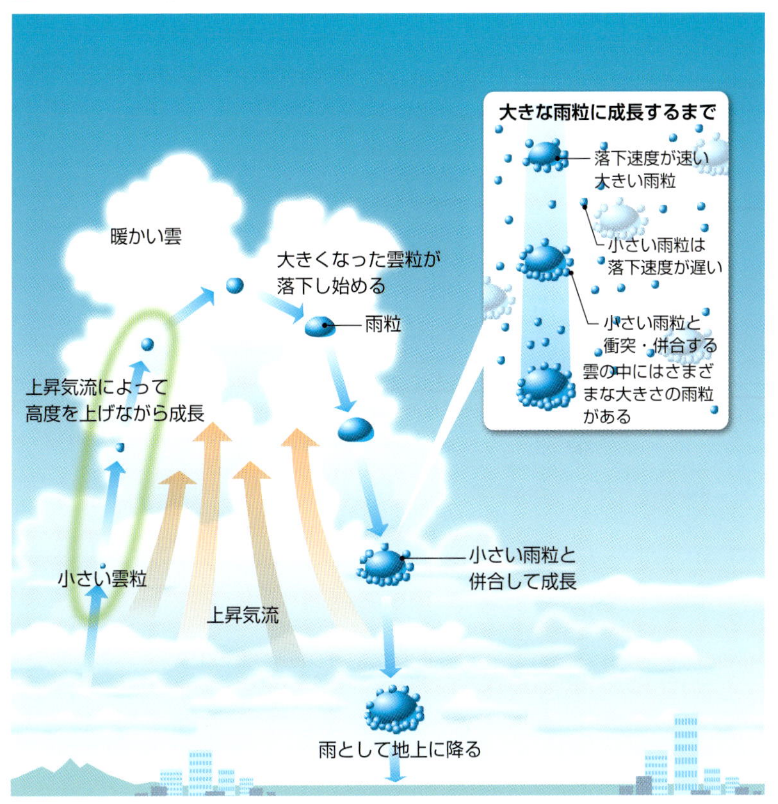

出典：『気象の図鑑』筆保弘徳・岩槻秀明・今井明子著/技術評論社

すでに起こっている異変②
氷の世界で起こっている異変

地球上に存在する氷の種類

地球の気候を語るうえで無視できないのが、北極や南極付近にある氷の存在です。地球上の氷は大きく分けて淡水の氷と海水の氷があり、その中でも海氷と呼ばれるものは海水が凍った、塩分をふくむ氷です。

一方、雪として降ったものが何年も融けずに降り積もり、圧縮されてできた淡水の氷も地球上に存在します。氷河とは、このような氷が重力によって動き、海にまで流れ出るもののことをいい、高緯度の地域だけではなく、日本でも立山連峰などの高山地帯で見られます。

また、氷河の中でも大陸を広く覆って発達するものを氷床（ひょうしょう）といい、平均2000m程度もの厚さに達します(図01-03-04)。氷床も氷河と同じようにゆっくりと海に向かって動いており、陸上の氷床が海にまで到達すると、海の上にテーブルのような形で氷床が乗り出します。これを棚氷（たなごおり）といい、その厚さは数百mにもなります。氷床は現在ではグリーンランドと南極大陸で見られます。実は、地球上の淡水の80%は氷床という形で存在しているのです(図01-03-01)。

なお、氷河や氷床は海にまで到達すると、先端が割れて崩れ落ち、その破片が氷山として海の上を漂います。そして、次第に融けて消えていきます。

気候変動により変化する氷

北極や南極にある氷の量は、地球の気候に応じて変動します。とはいえ、近年の地球温暖化の影響で、氷床が単純に融ける一方なのかというと、必ずしもそうではありません。図01-03-03を見るとわかるとおり、氷床の体積は増えている箇所と減っている箇所があります。これは、地球温暖化によって大気中の水蒸気量が増え、降雪が一時的に増えているため、雪がたくさん積もるからです。多くの積雪があれば、内陸部の氷床も厚くなります。しかし、近年では地

図01-03-01　北極圏と南極圏の氷

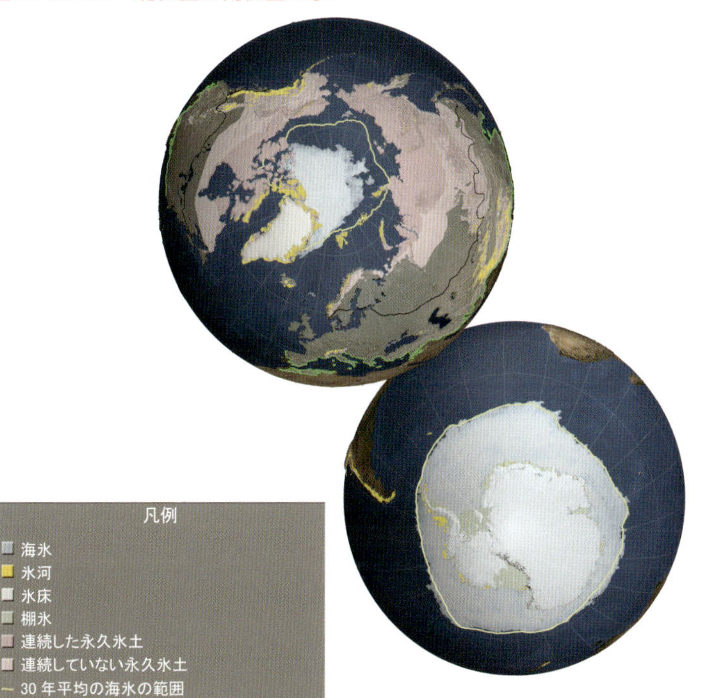

©NASA

図01-03-02　西南極にあるラーセン棚氷

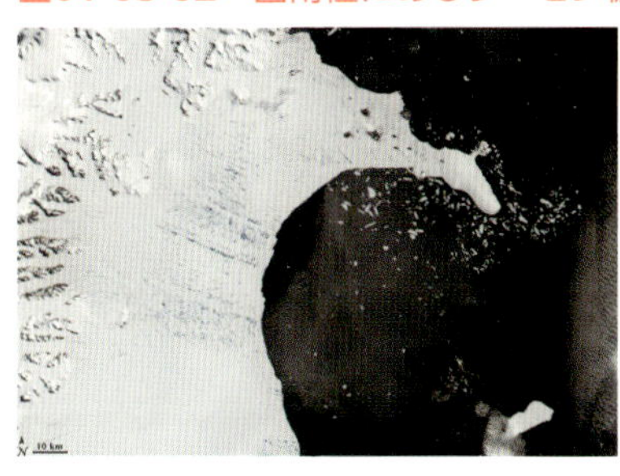

写真提供：NASA

左は2002年1月31日に撮影されたもの。右は2002年3月17日に撮影されたもの。
四国ほどの面積の棚氷の一部が約１か月で分離し、数か月後に消失した。

球温暖化によって気温や海面水温が上がってきているため、海と接している地域では氷床が融けて量が減ってきているのです。

このように、現在の氷床は増えたり減ったりしているのですが、全体的にはどのように変化しているのでしょうか。まず、グリーンランドでは、1990年頃は体積の変動はなかったのですが、2007年からは大きく減少し、体積減少の速度も年々速まってきています。一方、南極の氷床はグリーンランドにくらべると体積の減少は今のところ少ないです。しかし、南極半島の北部と西南極のアムンゼン海では、年々減少の速度が速まってきています。この理由は、西南極の氷床が棚氷として存在しているからです。氷の下にある海水が、空気にくらべると相対的に暖かいため、海水によって氷が温められて融けやすい状態になっているのです。

2002年３月には、衛星写真によって南極のラーセンにある棚氷から滋賀県ほどの面積の大きな氷山が分離し、数か月で消失してしまったことがわかりました。(図01-03-02) これほど大きな氷床が短期間で消えてしまったのは、実に衝撃的です。

氷が融けることでの影響

氷床が融けると、淡水の水が大量に海に流れ込み、それが海面水位を上昇させます。仮に、グリーンランドの氷床がすべて融ければ、海面水位は７m上昇し、南極の氷床がすべて融ければ海面水位は65mも上昇するといわれています。

また、氷床は淡水の氷なので、融けて海に流れ込めば、海水の塩分が薄まります。これは、熱塩(ねつえん)循環(P.66)という海洋の大循環にも影響します。すると、遠い将来気候にも何らかの影響を及ぼすかもしれないのです。

永久凍土も融け始めている

シベリアやアラスカ、カナダやモンゴルなどの高緯度地帯には、氷をふくむ土壌や岩石があります。これを凍土といい、２年以上０℃以下の温度を保つ土壌や岩石のことを永久凍土と呼んでいます。気候変動によって、この永久凍土も消失しつつあります。

永久凍土の中には、たくさんの炭素がふくまれています。もし、永久凍土が融けると、ふくまれている炭素がCO_2やメタンガスとして大気中に放出されます。これらは温室効果ガスなので、地球温暖化をさらに促進させるのではないかと懸念されています。

図01-03-03　グリーンランドと南極の氷床の変化

グリーンランド

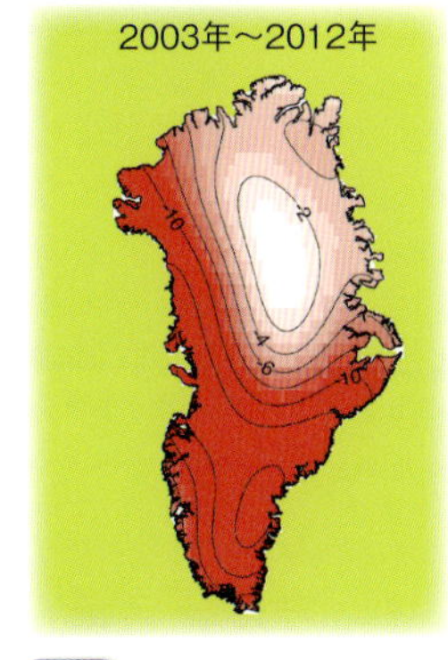

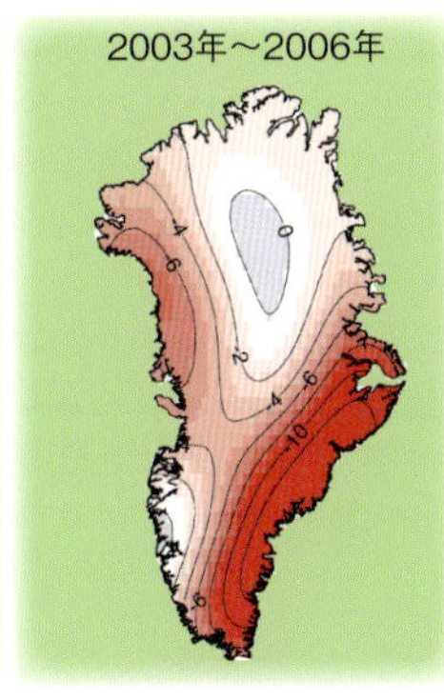

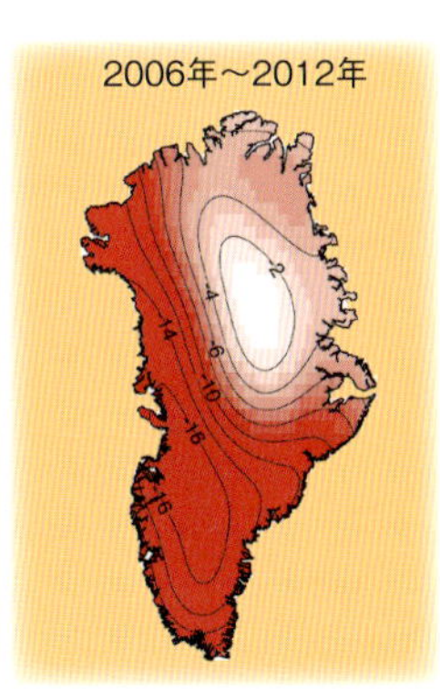

南極

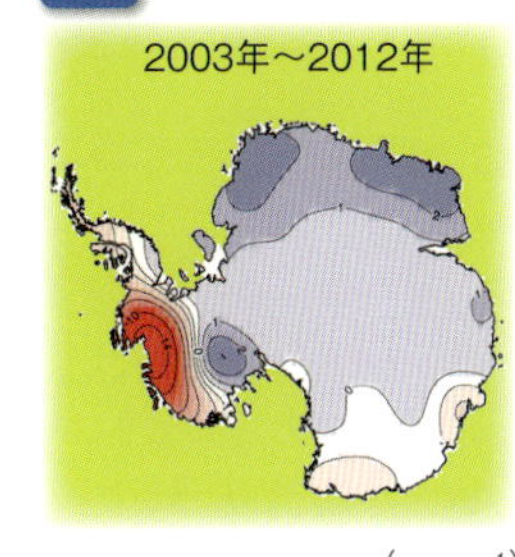

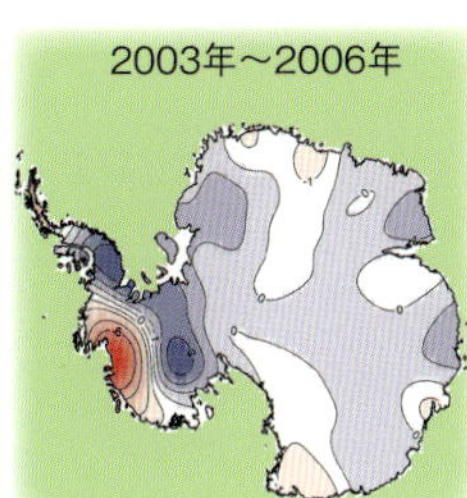

0　500(km)

(cm yr-1)

-10 -8 -6 -4 -2 0 2 4

出典：IPCC第五次評価報告書を元に作成

衛星写真をもとに測定した、2003年～2012年のグリーンランドと南極の氷床の厚さの変化量。青い部分は氷床が厚くなった箇所で、赤い部分が薄くなった箇所。

図01-03-04　氷床の循環

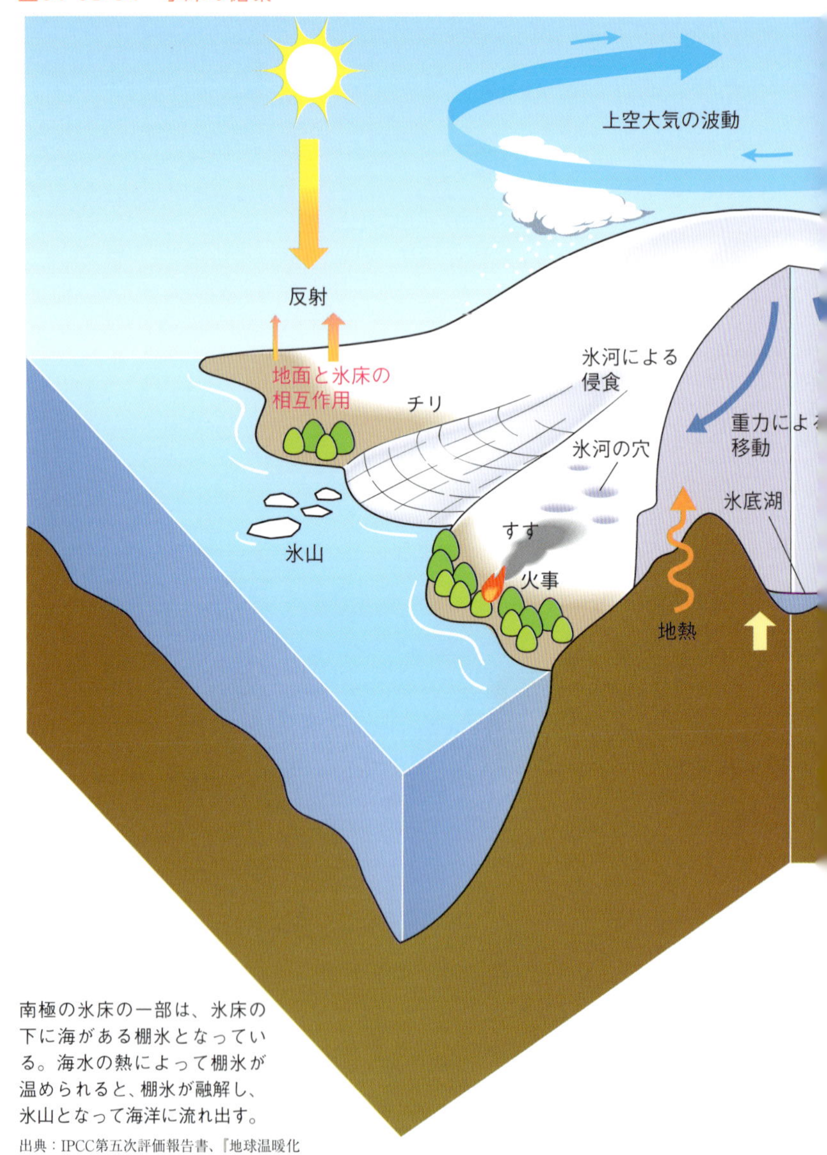

南極の氷床の一部は、氷床の下に海がある棚氷となっている。海水の熱によって棚氷が温められると、棚氷が融解し、氷山となって海洋に流れ出す。

出典：IPCC第五次評価報告書、『地球温暖化　そのメカニズムと不確実性』公益社団法人日本気象学会地球環境問題委員会編/朝倉書店を元に作成

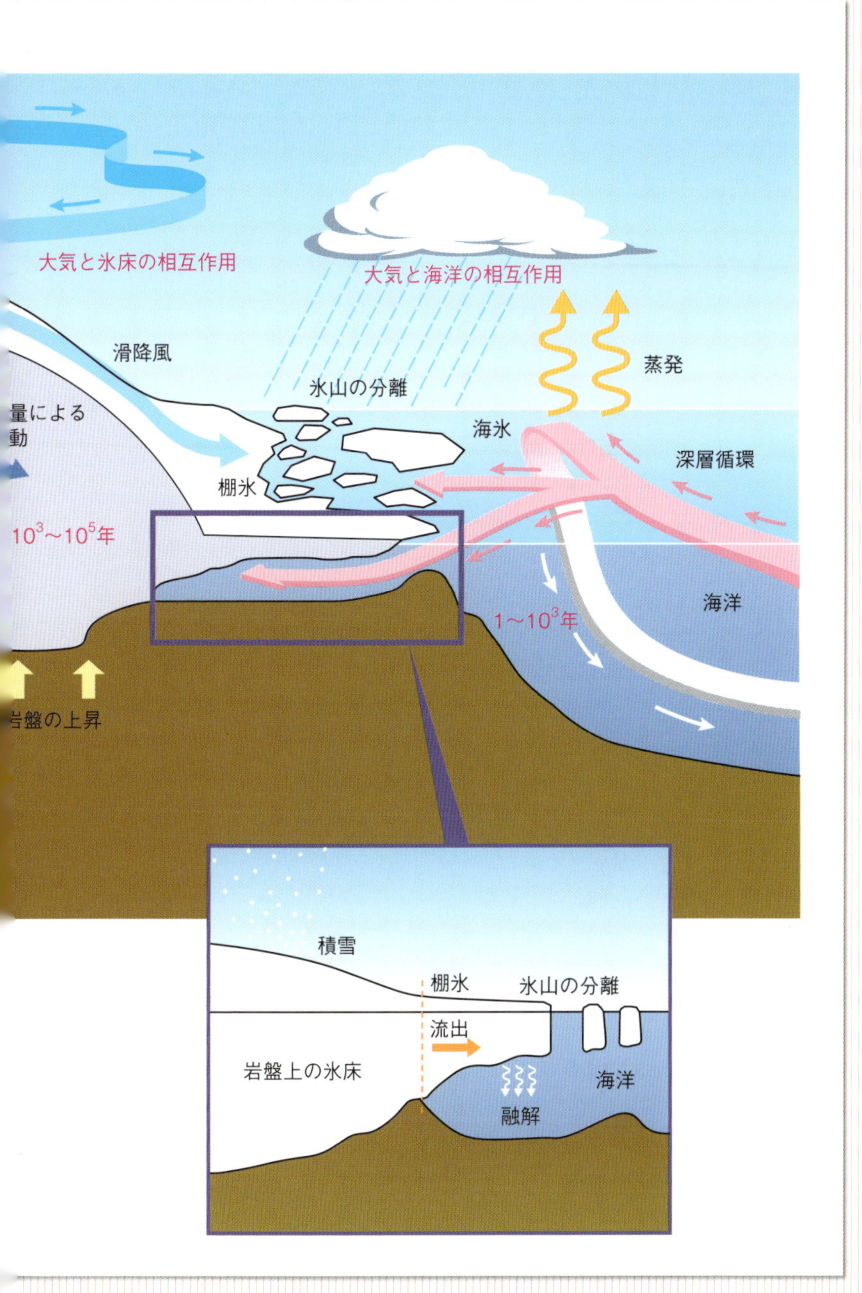
大気と氷床の相互作用
大気と海洋の相互作用
滑降風
蒸発
氷山の分離
量による
動
海氷
深層循環
棚氷
10^3〜10^5年
海洋
1〜10^3年
岩盤の上昇
積雪
棚氷
氷山の分離
流出
岩盤上の氷床
海洋
融解

すでに起こっている異変③
海で起こっている異変

気候変動で温まる海

気候変動によって海にも異変が起こっています。その異変のひとつは、海の蓄熱量の増加です。

大気中の温室効果ガスの濃度が高まることで、気候システムに熱がこもるのが地球温暖化という現象なのですが、図01-04-01を見るとおり、熱の大部分は海に吸収されていきます。これは、海は陸や大気とくらべて熱を貯め込む能力が高いからです。

鍋に水を入れて沸かそうとするとき、水よりも先に周囲の空気のほうが暖まります。水が空気や陸地とくらべると、熱しにくく冷めにくいのは、水は熱を貯め込みやすいからです。

海の蓄熱量が増加することで、海面付近の水温も上がっています。IPCC第五次評価報告書によると、1971年から2010年の間において、海面から水深75mの層は10年あたり0.09～0.13℃昇温したというデータもあります。

海面水位も上昇している

海水温が上がれば、海面も上昇します。というのも、熱によって海水の体積が膨張するからです。20℃の海水が1℃上昇すると、海水の体積は0.025%膨張します。海面から500mまでの海洋表層が2℃暖まると、水位は25cm上昇するのです。海面は1901～2010年の期間で1年あたり1.7㎜ずつ上昇していますが、年々その上昇のスピードが速まっています。

現在の海面水位の上昇の主要因は、このような海水の膨張と山岳氷河の質量損失によるものですが、今後地球温暖化が進み、北極圏や南極の氷河や氷床が融ければ、さらに海面が上昇することも考えられます。

北極海の海氷も融けている

さらに、海水温が上昇することで北極海の海氷が融けてきています。しかし、海氷が融けることは海面水位の上昇には影響を及ぼし

図01-04-01　熱の蓄積量変化

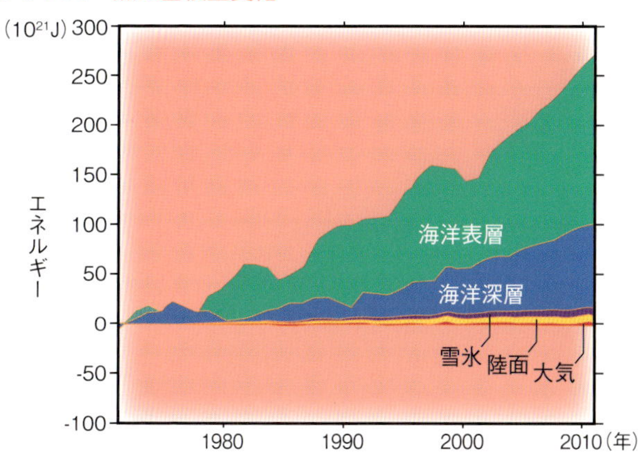

出典：『地球温暖化　そのメカニズムと不確実性』公益社団法人日本気象学会地球環境問題委員会編/朝倉書店を元に作成

観測に基づいて得られた、地球表面付近における1971年からの熱の蓄熱量変化。

図01-04-02　海面水位に影響を及ぼすさまざまな過程

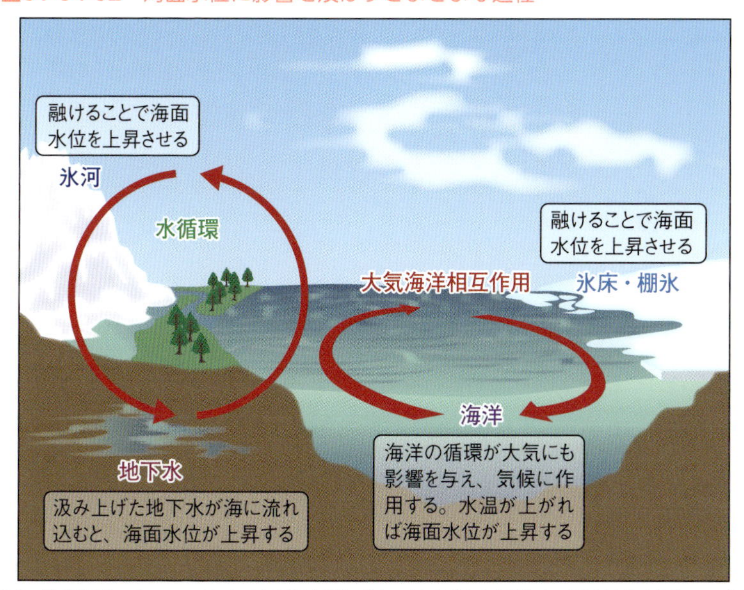

出典：『地球温暖化　そのメカニズムと不確実性』公益社団法人日本気象学会地球環境問題委員会編/朝倉書店を元に作成

ません。というのも、海氷は、海水が凍ったものだからです。コップ満杯の氷水は、氷が融けても水は溢れません。これと同じことが北極海の海氷にもいえます。融けると海面水位を大幅に上げる氷は、あくまで積雪がもとでできた氷河や氷床などの氷です。

とはいえ、北極海の海氷が融ければ、海氷の上で暮らす生き物の生態系に影響を及ぼします。また、海氷が融けると偏西風(P.60)の軌道にも影響を及ぼし、異常気象をもたらすこともわかっています。海水温の上昇は思わぬところに影響を及ぼすのです。

気候変動で沈む島

近年、海面水位の上昇で話題になるのが、太平洋上に浮かぶツバルなどの小さな島国が沈んでしまうかもしれないというニュースです。島の人たちが膝まで海水につかって不便な暮らしを強いられている衝撃的な映像を見て、「地球温暖化で島国が海に沈んでしまう」という危機感を持つ人も多いのではないでしょうか。

確かに、水没はこれらの島国で近年問題になっているのですが、必ずしも地球温暖化による海面上昇だけが原因とは断定できません。まず、この沈没の原因のひとつが、波による土地の浸食です。ツバルはもともと潮の干満の差が大きい場所なので、浸食が進めば大潮のときに海水面より低い土地の面積が増えます。さらに、最近では沼などを埋め立てた低地にも住宅地ができたため、海面が上昇すると被害を受けやすい地域そのものが増えているのです。

特に、ツバルはサンゴ礁でできている島なので、満潮時に海水面以下になる場所では、地球温暖化が問題になる前から地面のサンゴ礁の穴から海水が湧き出す現象がみられました。

もちろん、地球温暖化が進んで海面水位が高くなったことが問題を大きくしていることは確かです。ただ、地域的な海面水位の上昇自体は必ずしも地球温暖化だけが原因とは限らず、エルニーニョ現象(P.88)などの気候変動による風の吹き方の変化も影響しています。

図01-04-03を見るとわかるとおり、海面水位の上昇は地域差があります。ちょうどツバルの位置は風の力で海水が押し寄せられる位置にあり、最近になって風の吹き方が変化して、大幅な海面上昇が起こったのではないかとも考えら

図01-04-03　世界平均海面水位の変化

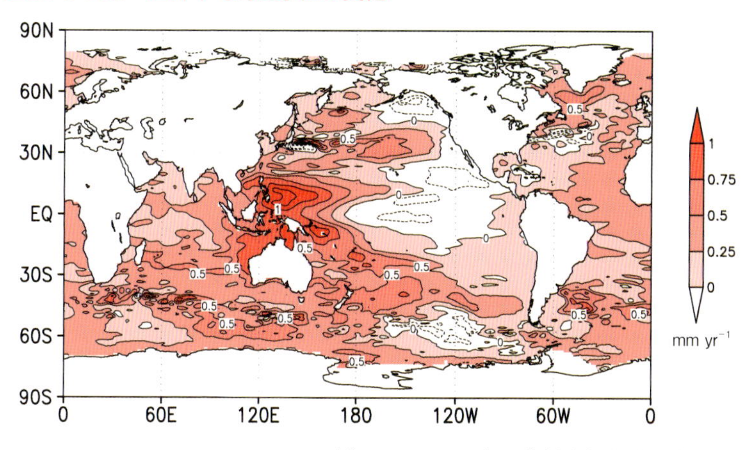

出典：AVISOのデータを元に鈴木立郎（海洋研究開発機構）が作成

衛星観測データによって計算された1993年から2009年までの海面水位変化。
海面水位上昇には地域差があることがわかる。

図01-04-04　海面上昇に悩むツバル

出典：全国地球温暖化防止活動推進センターホームページ（http://www.jccca.org/）

れています。なお、この図を見ると、日本付近の海面水位の上昇度合いも大きいことがわかりますが、こちらは20年周期の風の変動や地殻変動の影響を受けていると考えられています。

このように、沈む島国の問題は、さまざまな要因が重なって起こっているので、必ずしも地球温暖化だけが原因とは限りません。そして、海面水位は、地球温暖化が止まればすぐに上昇しなくなるわけでもないのです。

酸っぱくなる海水

さて、あまりピンとこないかもしれませんが、世界の海水はどんどん酸っぱくなっています。これは、大気中に増えたCO_2を海が吸収しているからです。

海が酸性化すると、海の中の生物にも影響が出ます。というのも、酸は、生き物の骨格や貝殻などにふくまれる炭酸カルシウムを溶かす働きがあるため、サンゴやウニ、貝類などの成長が阻害されるからです(図01-04-05)。

海の生態系に変化が

サンゴの異変といえば、サンゴの白化も話題になっています(図01-04-06)。こちらは海洋の温暖化が原因だと考えられています。

高水温などのストレスにさらされると、サンゴと共生している褐虫藻が光合成をうまくできなくなります。すると、サンゴが褐虫藻を手放すので、サンゴの白い骨格が透けて見えます。これが白化です。

一度白化しても、海水の状態が元にもどればサンゴも元にもどります。しかし、海水の状態が元にもどらず、白化が長く続くとサンゴは死滅してしまいます。海洋が温暖化するとサンゴの生息域が熱帯から温帯へ北上する傾向にあるのですが、さらに水温が高温になると、今度は白化することがわかっています。

また、気候変動によって海洋の循環が変化します(P.60)。栄養のある場所が従来とは変わってくるため、これも生き物の生息域が変化することにつながっています。

用語解説

褐虫藻：単細胞の藻類で、サンゴやシャコガイなどと共生している。宿主が排出した二酸化炭素によって光合成を行い、その光合成生産物を宿主に渡すとされている。

図01-04-05　海洋酸性化によるウニへの影響

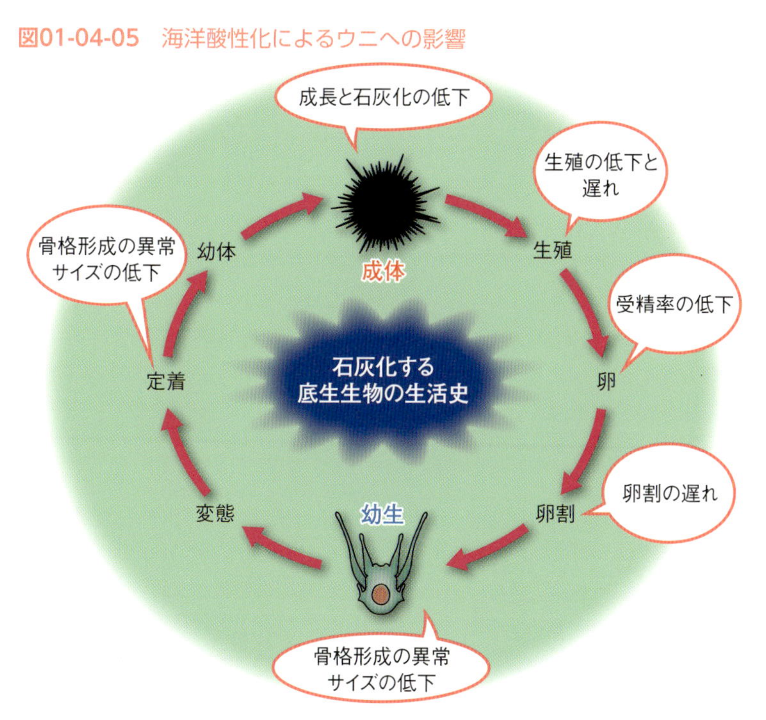

出典：『地球温暖化の事典』(独)国立環境研究所　地球環境研究センター編著/丸善出版を元に作成

図01-04-06　サンゴの白化

写真提供：琉球大学熱帯生物圏研究センター　波利井佐紀

すでに起こっている異変④
変わりつつある陸上の生態系

地球温暖化によって北上する植物

気候変動によって海の生態系に変化は現れていますが、陸の生態系はどうでしょうか。

日本はもともと、南北約2000kmに長く伸びた列島なので、南の亜熱帯から北の亜寒帯まで、多様な気候帯を持ち、森林植生もヤシなどの亜熱帯林からエゾマツなどの針葉樹林までさまざまです。

数ある森林植生の中でも、日本の中で広く分布するのが落葉広葉樹のブナ林(りん)です。ブナ林は保水力が高く、大型動物も住んでいるため、数ある森林植生の中でも非常に豊かな自然生態系を作っています。

例えば日本の筑波山には、一部ブナ林が存在しますが、気温上昇などによって減りつつあり、かわりに常緑広葉樹が増えているといわれています。

世界に目を向けると、北極圏のツンドラ地帯や高山の植生が変化しています。従来は生育に適さなかった寒い場所に、低木があらたに生えてきていますし、すでに生えていた寒冷な地域の植物は温暖な気候に適応できず枯死してしまうことが心配されています。

これらの生態系の変化は、気候変動によるものでしょうか。それはまだ、現段階でははっきりとしたことはいえません。というのも、生態系の変化について長期間・広域でデータを取れるようになったのがここ20〜30年なので、十分なデータが集まっていないからです。生態系の変化はゆっくり進むため、変化が起こったと検知するのが困難ですし、それが気候変動の影響なのかどうかを判別することが難しいのです。

ただし、たとえば人間があまり住んでいないような極域の生態系の変化は、地球温暖化の影響が直接現れているといってもよいでしょう(図01-05-01)。高山の生態系の変化に関しては、人間の住んでいる場所と比較的近いため、完全に地球温暖化だけの影響によるものとはいい切れません。

図01-05-01　極域の生産力の変化

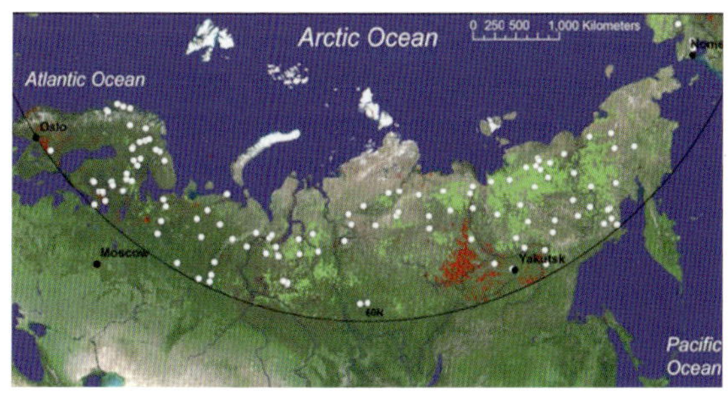

人工衛星で捉えられた北極周辺のツンドラ地域の植生の変化。緑色は植物の活動が活発になっており、赤色は植物の活動が低下したところを示す。北の植物の活動が活発になり、南の方が活発でなくなっていることがわかる。

出典：Eurasian Arctic Land Cover and Land Use in a Changing Climate

図01-05-02　極域で生えている灌木（低木）の変化パターン

a)

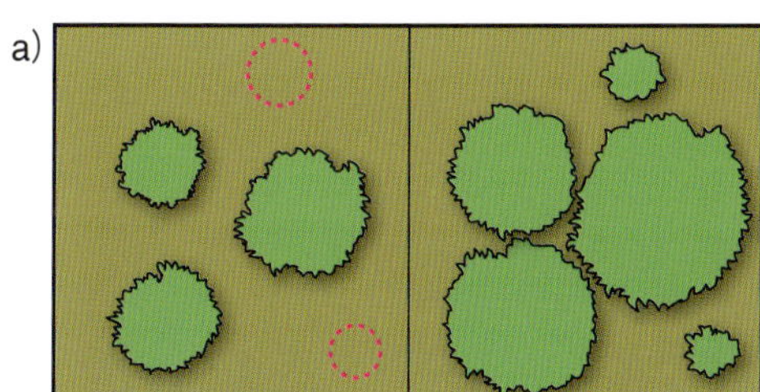

灌木の個体そのものが大きくなって、間隔が詰まっていく

b)

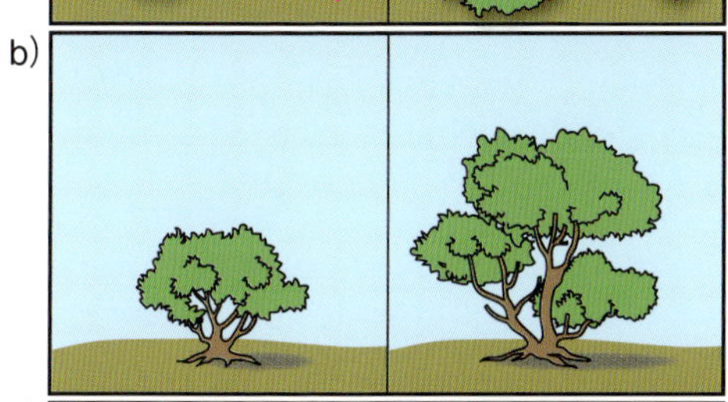

灌木が巨大化する

c)

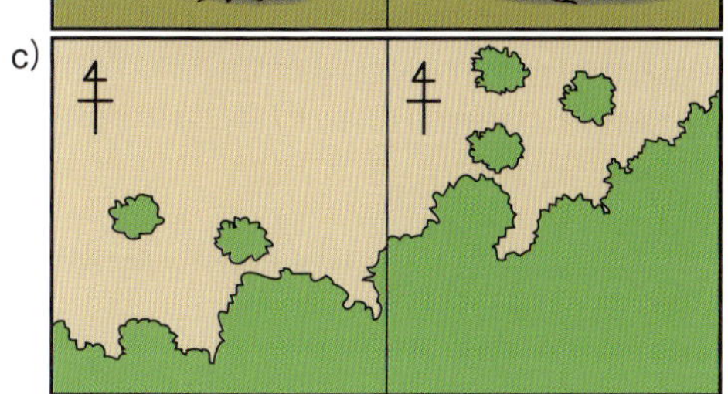

灌木の生息域の北限がさらに北に移動する

出典：Myers-Smith et al. (2011) Environmental Research Lettersを元に作成

動物も移動する

森林の中にはたくさんの動物が暮らしていています。森林植生が変われば、動物も暮らしやすい環境やエサを求めて移動します。たとえば、環境省の調査によると、暖かい気候を好み、東南アジアに分布するナガサキアゲハが年々北上しているという報告があります(図01-05-03)。この調査では、ナガサキアゲハの太平洋側の分布の北限が10年で愛知県南部から茨城県や栃木県まで移動していることがわかりました(図01-05-04)。

ニホンジカやイノシシも北上しています。これらの動物は冬の積雪が多いと越冬できないのですが、昔にくらべて積雪が減ったことで、以前豪雪地帯だった場所でも越冬できるようになり、これが分布域の変化をもたらしている原因のひとつであると考えられています。日本で越冬するコハクチョウも、1980年代に入ってから増加を続け、2008年には40,485羽に達したという報告もあります。これは1975年の越冬数とくらべると約23倍の数字だということです。

一方、もともと寒冷な地域を好む動物のうち、これ以上寒冷な場所に移動することができないものは、絶滅の危機に瀕する恐れがあります。雪深い山岳域に適応したナキウサギは、地球温暖化によって積雪が減ると、越冬する場所やエサとなる動植物も少なくなり、生育できる土地が減ってしまいます。北極圏のシロクマも同様です。北極海の海氷が小さくなり、海氷の下にいるエサのアザラシを捕獲しにくくなれば、生息数が減少するかもしれません。

気候変動で変わる動植物の季節

気候変動によって変化しているのは、生物の生息域だけではありません。生物季節も変化しています。具体的には、植物の花の咲く時期が早まったり、成長期間が長くなったり、落葉する時期が遅くなったりするということです。特にはっきりとした変化が現れているのが、日本の桜の開花時期でしょう(図01-05-05)。1960年代の4月1日に開花したラインよりも、1998年〜2007年の4月1日に開花したラインのほうが北にあることがわかっています。

動物に関しても、春に渡り鳥が巣をつくって雛をかえす時期が年々早まっているという報告があります。

図01-05-03　ナガサキアゲハ

写真提供：伊丹市昆虫館

図01-05-04　ナガサキアゲハの分布域の変化

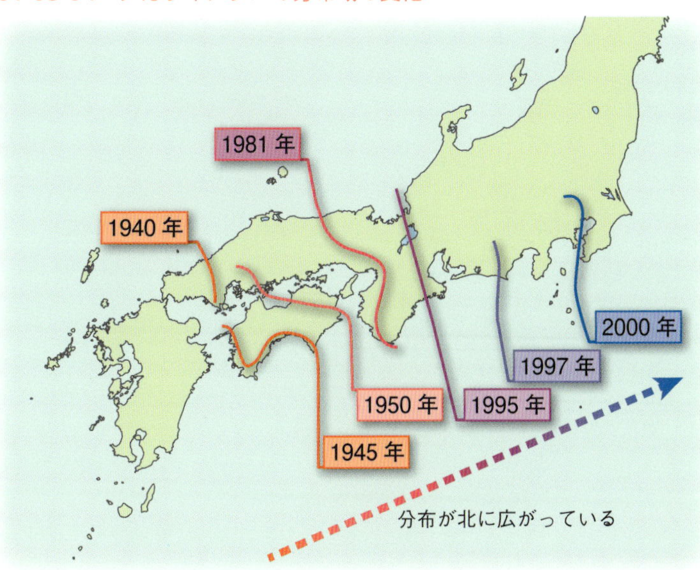

出典：『チョウ類の分布域拡大現象と地球温暖化』北原正彦（2008年、昆虫と自然）を元に作成

生態系が変わることへの懸念

このように生態系が変わると、人間社会にも影響を及ぼします。最近では、野生のクマが山から人里に下りて畑の食べ物をあさったり、時には人間を襲ったりすることが問題になっています。土地利用の変化(P.80)や気候変動によって植生が変化すれば、クマの生息域の変化や食糧不足を招き、さらに事態を悪化させるかもしれません。ニホンジカやイノシシも、生息域が広がることで、農作物や森林の食害が全国的に広がっています。森林の食害は、森林の生態に影響を及ぼし、その結果森林の表土流出なども招く可能性があります。

農作物も、気候変動の影響を受けます。冷夏になると米が不作になることはよく知られていますが、高温になりすぎるのも考えものです。たとえば、日本では記録的な高温の年に、米の内部が白く濁ったり、米が割れたりしました。また、果物も収穫期に日射が強かったり高温だったりすると、日焼けしたり、きれいに色づかなかったりします(図01-05-06)。

このように、農作物の収量が気候変動によって影響を受けると、食糧不足の問題が発生し、ときには紛争などにもつながってしまうかもしれません。

地球温暖化の影響と考えられる日本の生態系の変化

- 北海道の高山植物の減少
- シラカシなどの常緑広葉樹の分布拡大
- 九州や四国を北限とするナガサキアゲハが、1990年代に三重に上陸し、最近は関東地方にも出現
- 西日本にしか生息していなかった南方系のスズミグモが、1980年代には関東地方に出現
- マガンの越冬地が北海道にも拡大
- 大阪湾に熱帯産の魚が現れる
- 立山などの高山帯では、オコジョやライチョウの生息域が高地に移動し、消滅する危険も

出典：国立環境研究所HPを元に作成

図01-05-05　桜の開花ラインの変化

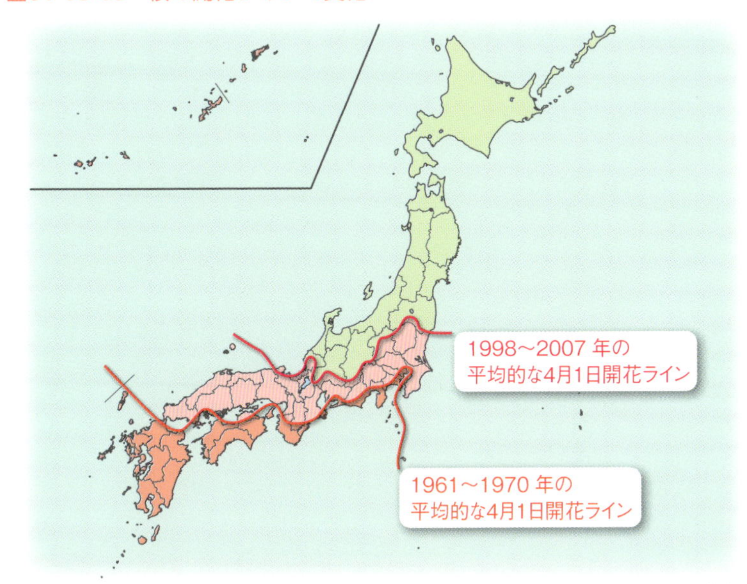

出典：気象庁HPを元に作成

図01-05-06　農作物の高温障害

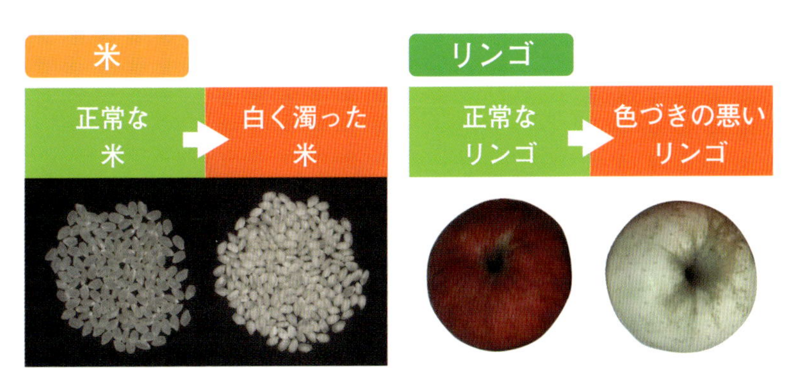

写真提供：農研機構果樹研究所

高温により米の内部が白くなったり米が割れたりする。リンゴは収穫期に高温だと色づきが悪くなったり遅くなったりする。

図01-05-07　気候変動が気象や生態系、人類社会に及ぼす影響

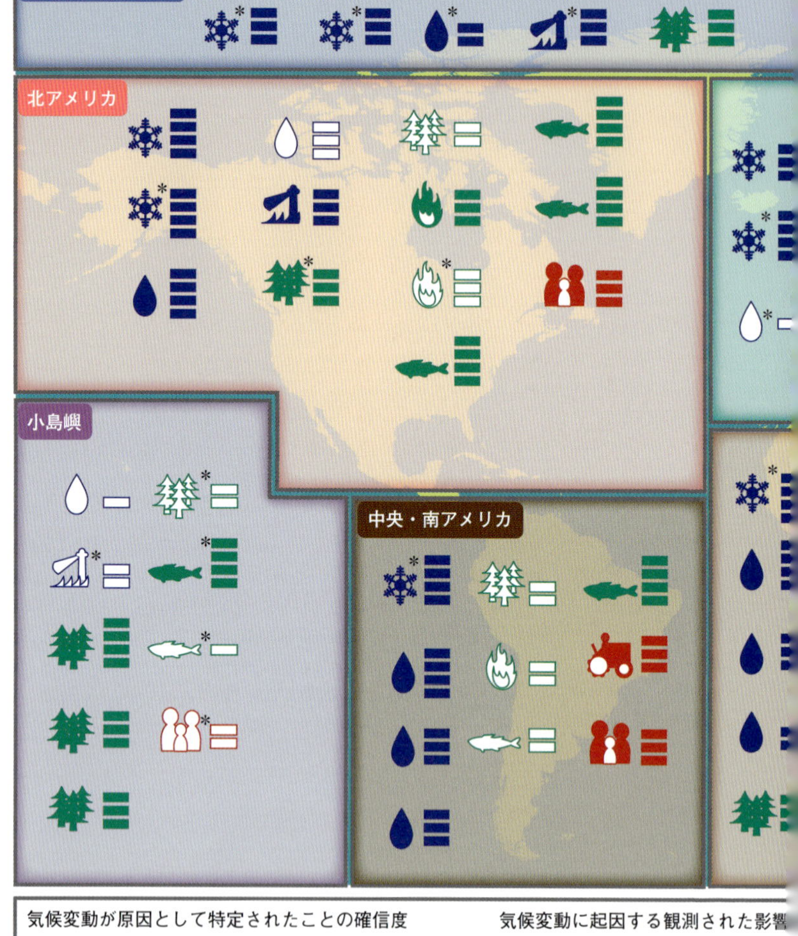

気候変動が原因として特定されたことの確信度

非常に低い　低い　中程度　高い　非常に高い

気候変動に起因する観測された影響

物理システム

氷河、雪、氷かつ／または永久凍土

河川、湖、洪水かつ／または干ばつ

沿岸浸食かつ／または海面水位の影響

生物システム

  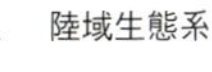 陸域生態系

  火災

 海洋生態系

人間及び管理システム

  食料生産

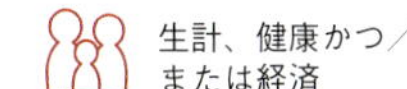 生計、健康かつ／または経済

＊地域全体にわたる研究の有効性に基づいて特定された影響

白抜き記号＝気候変動の寄与は小さい
中塗り記号＝気候変動の寄与は大きい

出典：IPCC第五次評価報告書を元に作成

column

地球温暖化が止まった!?

地球上の年平均気温は、21 世紀に入ると気温上昇率がほぼ横ばいの状態になり、温暖化が停滞しています。ハイエイタスと呼ばれるこの状態は、なぜ起こっているのでしょうか。地球温暖化は止まったのでしょうか？

ハイエイタスの原因については、さまざまな研究が行われてきました。現在は、海洋の熱を蓄える場所が変化したという説が有力です。太陽から受け取った熱のほとんどは海洋に吸収されますが、ハイエイタスの期間では海洋の水深 700 〜 2000m の深層で、熱がより多く蓄積されていることがわかったからです。

海洋の表層に蓄積された熱は、海面の水温を上げ、地上の気温を上昇させます。しかし、深海に蓄積された熱は、海面の水温には影響しません。ハイエイタスの期間では、気温は横ばいですが、海面水位は上昇し続けています。つまり、海洋の熱による膨張は続いているということです。

今後、海洋の深層ではなく、再び表層で蓄熱されていけば、地球上の気温も上がり始めます。ハイエイタスは、決して地球温暖化が止まっているわけではなさそうです。

第２章
なぜ気候が変わるのか？

地球は、太古の昔から気候変動を繰り返してきました。太陽や火山活動、大気や海洋の循環、植物や人間の活動など、気候変動の原因はさまざまです。そのひとつひとつをくわしく見ていきましょう。

太陽、大気、海洋…
地球の気候を形作るもの

気象と気候の違い

「気候変動」の話をする前に、気候とはいったい何なのかを改めて説明しましょう。「気象」と「気候」という言葉は、とかく混同されて使われがちですが、この2つの言葉はそれぞれ明確な定義があります。

まず、「気象」というのは、「今日の午前中は晴れます」「一週間ほどぐずついた天気が続いています」などといった、数時間から数日間で変化する大気の状態のことを指す言葉です。

一方、「気候」は、ある特定の地域で、ある期間の平均的な大気、陸面、海洋等の状態のことを指す言葉です。日本の日本海側で冬に雪がたくさん降る「日本海岸式気候」や、赤道付近の地域で年間を通して高温多湿な「熱帯雨林気候」などの気候名があります。

気候を形作るもの

気候は太陽や火山活動、大気や海の循環、生態系などが複雑に絡み合って形作られています。これを「気候システム」といいます(図02-01-01)。

気候システムを動かす力は、太陽から放射されるエネルギーです。太陽のエネルギーによって大気や海洋が温められ、対流が起こって循環します。

そして、水も形を変えて循環します。海が温められれば海水が蒸発し、水蒸気が雲になって、雨や雪を地上に降らせます。そして、雨や雪は川や地下水、氷河などの形で海に注ぎこみます(図02-01-02)。

地球上の生態系の活動も無視できません。陸上の森林が光合成を行ったり、動植物が呼吸を行ったりすることで、大気中の酸素やCO_2の濃度が変わります。動植物が死んだら、その体を構成している炭素や窒素が土の中の微生物によって分解され、大気中に気体となって放出されます。このように、炭素や窒素も地球上を循環し、これも気候に影響します。

火山の活動も気候に影響を及ぼ

します。火山ガスや噴煙が放出されれば、太陽からの光を遮るため、地上の気温が冷えてしまいます。

このように、地球上では、太陽のエネルギーによって大気や海洋、そして水や炭素などのさまざまな物質が循環し、気候に影響を及ぼしているのです。

図02-01-01　地球上の気候システム

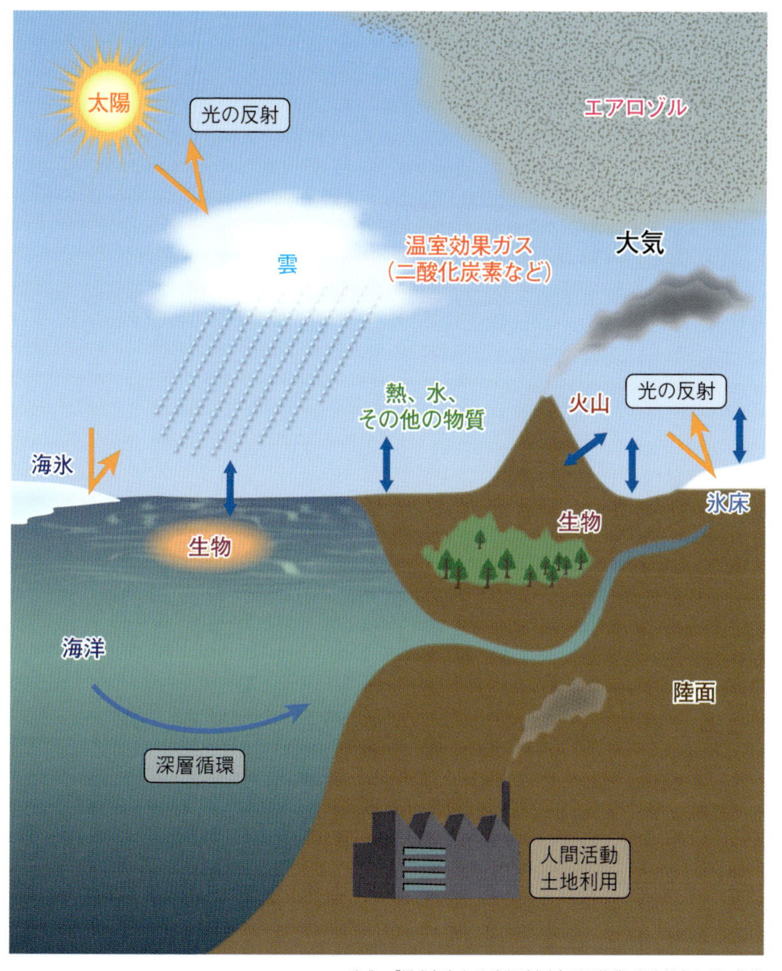

出典：『異常気象と地球温暖化』鬼頭昭雄著/岩波新書を元に作成

地球の気温を決めるのは

それでは、地球の気温はどのようにして決まるのでしょうか。これは、太陽から放射されるエネルギーと、地球から放射されるエネルギーの収支によって決まっています。

地球は、太陽からエネルギーを主に可視光線（かしこうせん）という形で受け取ります。そして、地球からはエネルギーを赤外線という形で宇宙に向かって放射します。太陽から放射されるエネルギーと、地球が放射するエネルギーは、全世界平均ではほぼ同じ量になります(図02-01-03)。

1日の気温変化を見てみると、晴れた昼間は暖かく、夜は冷えます。特に、晴れた日の場合、一番気温が冷え込むのは日の出前です。これは、太陽からの放射は昼間しか受け取れないのに対し、地球からの放射は1日中行われているからです。昼間の太陽からの放射量は、地球からの放射量よりも多いので、昼間は気温が上がります。そして、夜は太陽からの放射がなく、地球から放射が行われる一方なので気温が下がるのです。

温室効果の仕組み

このような太陽と地球とのエネルギー収支をもとに地球の平均気温を計算すると、−19℃になります。しかし、現在の地球の平均気温は約14℃です。なぜ、実際の気温はこんなに高いのでしょうか。

それは、地球に大気があるからです。大気が存在することで、太陽と地球のエネルギーのやりとりは、より複雑になります。

まず、太陽からのエネルギーは、地球の大気の上端で、約30%ほどが反射して宇宙空間にもどってしまいます。そして、残りのエネルギーは、大気と地球の表面に吸収されます。

一方で、大気は地球からのエネルギーを、地球側に向かって再度放射する働きもあります。すると、地球表面は本来太陽から受け取れるエネルギー量よりも、多くの放射量を受け取ることになるので、地球は温まるのです。この、地球を温める大気の性質は「温室効果」と呼ばれます(図02-01-04)。

図02-01-02　地球上の水の流れ

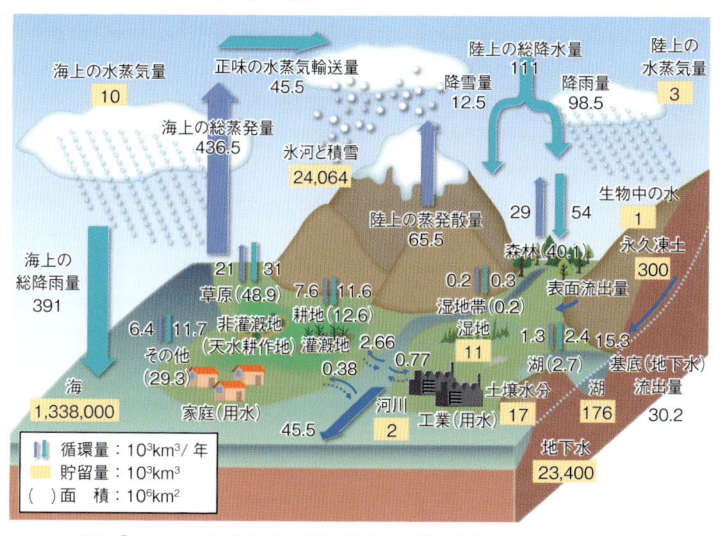

出典：『地球温暖化の事典』(独)国立環境研究所　地球環境研究センター編著/丸善出版を元に作成

図02-01-03　地球上の熱エネルギーの流れ

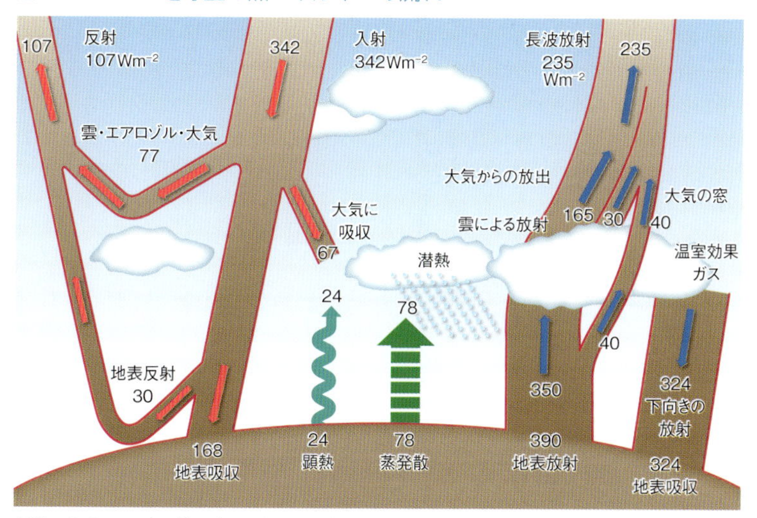

太陽から入ってくる熱エネルギーと、地球から放出される熱エネルギーは釣り合っている。

出典：『地球温暖化の事典』(独)国立環境研究所　地球環境研究センター編著/丸善出版を元に作成

さまざまな温室効果ガス

大気は窒素や酸素など、さまざまな気体が混ざってできています。大気を構成する気体の中で、地球に温室効果をもたらす働きをする気体のことを、温室効果ガスといいます。温室効果ガスと聞いてまず思い浮かべるのはCO_2ですが、水蒸気も代表的な温室効果ガスです。そして、メタンやオゾン、一酸化二窒素(N_2O)、フロンガスも温室効果ガスです(図02-01-05)。このような温室効果ガスは、ガスの種類によって、地表を暖める力や、大気中に存在できる寿命が違います。

地球温暖化の話題が出ると、温室効果ガスが悪者として語られがちです。しかし、先ほども述べたとおり、温室効果ガスは、本来地球の気温を生物が暮らしやすい温度に保つ働きがあるため、人類にとっては悪いものではないのです。あくまで問題なのは、温室効果ガスのうちのひとつ、CO_2の濃度が近年かつてないスピードで増えていることです。これは、農耕や牧畜で森林が伐採されたり、工業化によって化石燃料が燃焼されたりしたことが原因です。急激なCO_2濃度の上昇が、気温を急激に上昇させる原因になっているのが、地球温暖化問題なのです。

なお、人類の活動によって発生する温室効果ガスは、CO_2だけではなく、メタンもあります。メタンは湿地や池、水田などで枯れた植物が分解されるときに発生します。家畜のゲップにもメタンがふくまれています。農耕や牧畜活動によってメタンガスの濃度も増えているのです。

大気中の雲の役割

さて、気候システムの中で重要な役割を果たすものとして、雲の存在を忘れてはいけません。

雲は大気中の水蒸気が凝結することででき、雨を降らせることで地球上の水の循環にひと役買っている存在ですが、気温への影響も見逃せません。

雲は太陽からの放射を反射するため、雲が地球を覆っていれば、太陽からの光は地表に届きません。曇りの日は晴れの日ほど気温が上がらないのはそのためです。

しかし、同時に雲は、地表からの赤外線を再び地球に向かって放射する働きもあります。つまり、温室効果もあるのです。地球にとって雲はいわば掛け布団のような存在といえます。

よく晴れて風の弱い冬の日には、早朝の気温が非常に低くなる「放射冷却」という現象が起きます。これは、夜に雲がないと地球からの赤外線が宇宙に向かって放出されてしまう一方なので、地表の気温が急激に下がってしまうのです。

図02-01-04　地球温暖化の仕組み

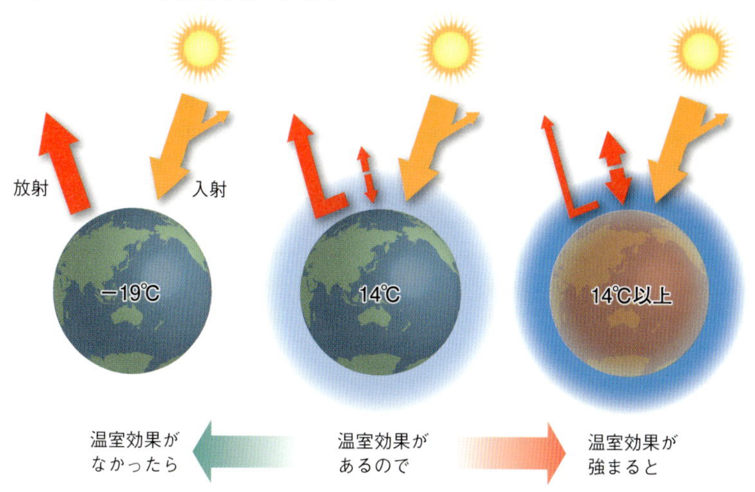

出典：塩竈秀夫（国立環境研究所）資料を元に作成

図02-01-05　人為起源の温室効果ガス総排出量に占める種類別割合

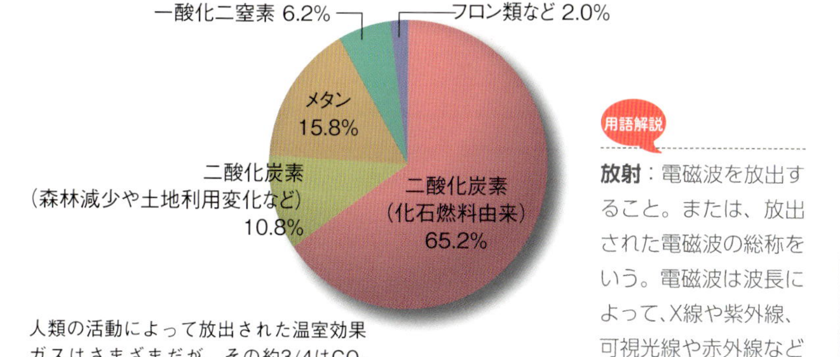

人類の活動によって放出された温室効果ガスはさまざまだが、その約3/4はCO_2である。

出典：気象庁HPを元に作成

用語解説

放射：電磁波を放出すること。または、放出された電磁波の総称をいう。電磁波は波長によって、X線や紫外線、可視光線や赤外線などに分類される。

人間がいなくても起こる 地球が繰り返してきた気候変動

太古の昔の気候はどうやって知る？

地球上では、太古の昔から気候変動が起こっていました。地球の気候変動の歴史やそのメカニズムを知ることは、現在の気候とその変動要因を知り、将来の気候を予測することにも大きく役立ちます。現在では、気候の状態を知るために、温度計や雨量計、人工衛星やレーダーなどの観測機器によって大気や海洋の温度を測っています。しかし、そのような観測機器がない太古の気候の状態は、どのようにして知ることができるのでしょうか。

昔の気候を知るためには、地球上に残されたさまざまな手がかりを使います。具体的には、海底にある堆積物や氷床、樹木の年輪、花粉やサンゴの化石などです(図02-02-01)。

氷床コアが教えてくれるもの

数十万年前の気候を知るための手がかりは、グリーンランドや南極にある氷床の中にあります。氷床は、陸に積もった雪が長い年月を経て圧縮されてできたものです。雪は空気と一緒に積もっていくので、氷床の中にはたくさんの気泡がふくまれています。つまり、氷床には、太古の空気が閉じ込められているのです。この氷床を掘り出したものを、氷床コアといい、氷床コアの中にある気泡を分析すれば、過去数十万年の気温やCO_2濃度などの大気組成がわかります。さらに、氷床コアには火山灰や塵もふくまれているので、過去にあった火山活動も推定することができるのです。

地球上の手がかりが教えてくれるもの

もうひとつ、太古の気候を調べる手がかりが、海底の堆積物です。この中には、有孔虫(ゆうこうちゅう)の死骸がふくまれています。有孔虫は、炭酸カルシウム($CaCO_3$)でできた殻を持っており、この中の酸素原子(O)が過去の気候を知るうえで重要なのです。

図02-02-01　昔の気候の調べ方

堆積物から調べる

海底や氷床を円柱状にくり抜き、ふくまれている物質を調べる

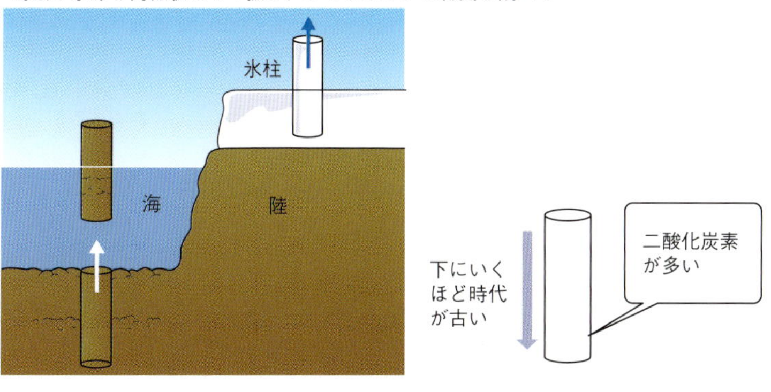

有孔虫の死骸から調べる

死骸にふくまれる軽い酸素(^{16}O：普通の酸素)と重い酸素(^{18}O)を調べる

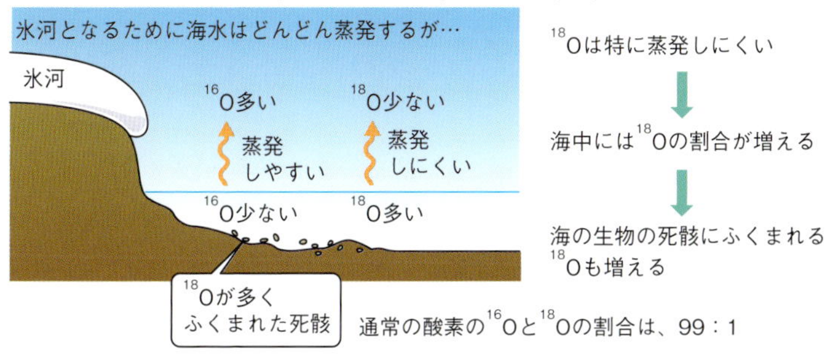

古文書の記録から調べる

木の年輪から調べる

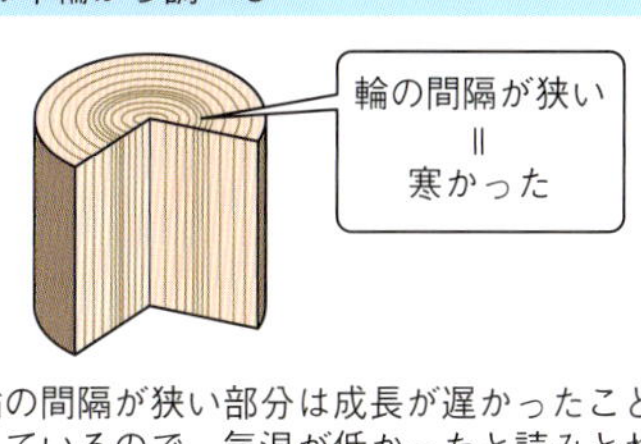

年輪の間隔が狭い部分は成長が遅かったことを表しているので、気温が低かったと読みとれる。

出典：『図解雑学　異常気象』植田宏昭監修、保坂直紀著/ナツメ社を元に作成

出典：『図解雑学　異常気象』ナツメ社

実は、酸素原子は、軽いもの(^{16}O)と重いもの(^{18}O)があります。地球上の酸素原子の99%は^{16}Oなのですが、^{18}Oも微量ながら存在します。そして、水の分子はH_2Oで、酸素原子をふくむので、水にも^{18}Oをふくむ重い水と、^{16}Oでできている軽い水があります。

^{18}Oをふくむ重い水は、^{16}Oでできた軽い水よりも蒸発しにくいという性質があります。陸上の氷床や氷河は、蒸発した海水からできているので、氷床の多い時代は、海の中の重い酸素原子の割合が増えます。有孔虫は海水中の酸素原子をもとに殻を作るので、有孔虫の殻の酸素原子の重さを調べると、陸上の氷が多かったかどうかも推測できるというわけです。

今から1000〜数百年前の気候変動は、樹木の年輪や花粉の化石からも知ることができます。年輪の間隔によってその年の気温がわかりますし、花粉を分析することで、その時代に生えていた植物の種類を知ることができるからです。

また、古文書の記述も見逃せません。「今年は寒かった」「冷害で飢饉が起こった」「大きな火山の噴火があった」という記録は、当時の気候を知る貴重な手がかりとなります。

地球の気候変動の歴史

さて、みなさんは「氷河時代」という言葉を聞いたことはありませんか？　氷河時代というと、毛皮を着た原始人が、氷の上でマンモスを追いかけているような風景を思い浮かべる人も多いのではないでしょうか。

そのような時代からすると、現代の気候は暖かいので、氷河時代ではないと思うかもしれません。しかし、グリーンランドや南極には年間を通じて氷が存在するので、現在は氷河時代なのです。今の氷河時代は、約4300万年前に始まったとされ、その前の２億年ほどは今よりも気候が温暖で、地球上に氷床はなかったと考えられています。

氷河時代の中でも、特に寒くて氷床が拡大していく時期のことを「氷期」といい、北極や南極には今よりも厚い氷床が形成され、海面水位も現在より100m以上下がっていました。ちょうど今から約２万年前の旧石器時代に、日本列島が中国大陸と陸続きになっており、大陸から人類が渡来してきたという説があるのも、この時代が氷期だったからです。

一方、氷床が減ったりなくなっ

たりする時期のことを「間氷期」といいます。現在は氷床が減少傾向にあるため、間氷期にあたります。間氷期では陸上の氷が融けていくため、海面水位は氷期とくらべて上昇します。

氷河時代は、この氷期と間氷期が4万〜10万年周期で繰り返されています。最後の氷期は約2万年前に最盛期を迎え、約1万年前に終了したと考えられています。

最近の気候変動

有史以来の気候は、間氷期にあたるのですが、ひとくちに間氷期とはいっても、細かい気候変動を繰り返しています。

西暦900年〜1300年は、気候が今よりも温暖で、ヴァイキングが凍結していない海を渡って、グリーンランドに入植した記録が残っています。

図02-02-02　アジアにおける12〜16世紀の気候変動

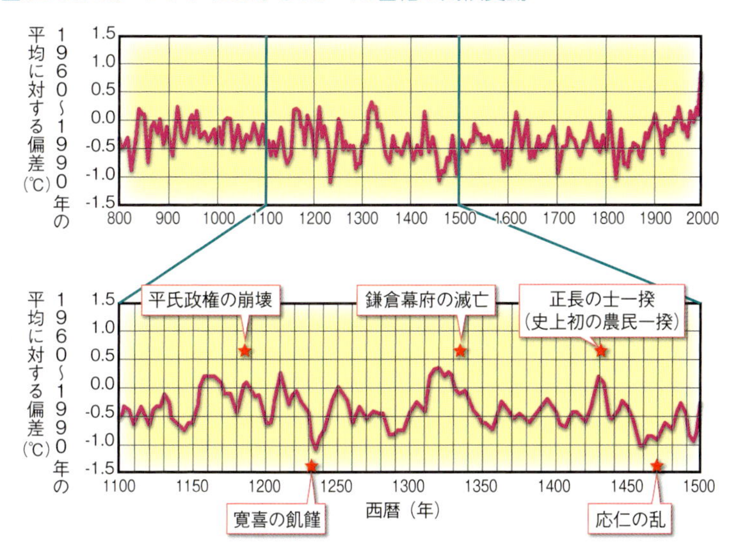

アジアにおける気温変化。寒冷化は冷害を引き起こし、飢饉や戦乱をもたらした。また、地球温暖化も洪水や干ばつの頻発を引き起こし、政権の崩壊や一揆などの騒乱の原因になった可能性がある。このように、気候変動と人類の歴史は密接に関係している。

出典：『地球温暖化　そのメカニズムと不確実性』公益社団法人日本気象学会地球環境問題委員会編/朝倉書店を元に作成

一方、1300年～1700年頃は、世界全体が寒冷化しており、現在ではほとんど凍ることのないイギリスのテムズ川やオランダの運河が凍結している様子が絵画に描かれています。日本でもたびたび冷害による凶作が起こり、飢饉を招きました(図02-02-02)。この寒冷な期間のことを「小氷期」と呼んでいます。

太陽との位置関係が気候を決める

このように、地球が気候変動を繰り返す原因として最も大きなものは、太陽から地球が受け取るエネルギー量の変化です。地球の公転や自転が変化することで、太陽からのエネルギー量が変化するのです。

実は、地球が太陽の周囲を公転する軌道は、楕円形です。この軌道の形は、他の惑星の影響を受けて周期的に変化しており、ほんの少しですが丸くなったり平らになったりします(図02-02-03)。地球の軌道の形の変化のことを、離心率といい、約10万年周期で変化しています。当然ですが、軌道が平らな形のときに、太陽から最も遠いところを地球が通ると、地球が太陽から受け取れるエネルギーの量は減ることになります。

さらに、太陽は楕円形の軌道の中心から少しずれた位置にあります。すると、地球が太陽の周囲を公転するときに、太陽に近づいたり遠ざかったりするのです。地球が最も太陽に近づいた日のことを近日点(きんじつてん)、最も遠ざかった日のことを遠日点(えんじつてん)といいます。この近日点と遠日点は、地球の公転軌道の形が変わるに従って、約11万年の周期で移動していきます。

また、地球の自転軸(地軸)は倒れる直前のコマの軸のように首を降る「歳差(さいさ)」と呼ばれる運動を約26000年周期で繰り返しています。近日点の移動と歳差によって、近日点や遠日点が通過する季節も、約21000年の周期で移動しています。現在では近日点は1月上旬で、遠日点は7月上旬ですが、約1万年後には、近日点が7月頃に、遠日点は1月頃になるのです。近日点と夏が重なれば、今よりも夏が暑くなり、遠日点と冬が重なれば、今よりも冬が寒くなります。

地軸の傾きも変化します。現在の地軸の傾きは約23.4°ですが、約4万年の周期で22.1°～24.5°の傾きで変化しています。地軸が傾けば傾くほど、季節の差が極端になり、暑い夏と寒い冬が訪れます。

図02-02-03　気候に関わる地球と太陽の位置関係

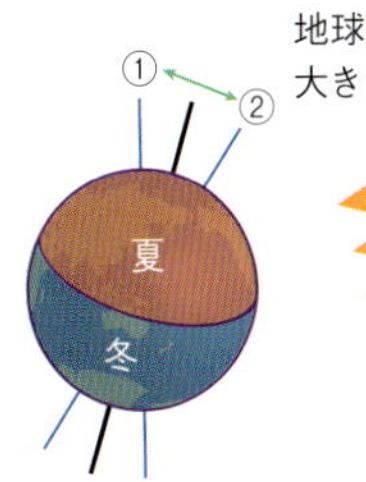

地球の傾きが変化すると、季節の差が
大きくなったり小さくなったりする
①地球の自転軸が立つと、高緯度で夏が暑くなくなり、低緯度の気温は年間を通して暑くなる。つまり、高緯度と低緯度の気温差が大きくなる。
②地球の自転軸が水平方向に傾くと、高緯度で夏が暑くなり、低緯度の気温は年間を通して低くなる。つまり、高緯度と低緯度の気温差が小さくなる。

地軸は首降り運動
をしている（歳差）

遠日点で冬が来ると、

近日点で夏が来ると、

出典：『図説　地球環境の事典』吉崎正憲・野田彰編集代表/朝倉書店を元に作成

離心率の変化と歳差運動、地軸の傾きの変化が組み合わさることで、太陽からのエネルギー量は変化します。これが地球が太古から繰り返す気候変動の原因になっているのではないかと考えられています。この理論は、提唱した天文学者の名前をとって「ミランコビッチ理論」と呼ばれています。

大規模火山の噴火も気候変動要因

このような太陽と地球の天文学的な要素のほか、大規模火山の噴火も地球の気候変動に大きな影響を及ぼしています(図02-02-04)。

火山が噴火すると、空気中に大量の火山灰が放出されます。火山灰はエアロゾルの一種で、「日傘効果」と呼ばれる日射を遮る働きがあります。日射が遮られれば気温も下がります。特に大規模な火山噴火が起こると、エアロゾルは成層圏にまで達します。エアロゾルが対流圏内にとどまっていれば、雨によって地面に落下するのですが、成層圏に達してしまうと、なかなか落下せず、1～2年は大気中に滞在することになるので、その期間の気候も一時的に寒冷化するのです。さらに、火山によって放出されたエアロゾルは、時間をかけて全世界に広がります。アジアで噴火した火山の影響でヨーロッパも寒冷化することもあるのです。

世界の大規模火山の噴火が気候に影響を及ぼした例としては、1816年の「夏のない年」が挙げられます。これは、ヨーロッパとアメリカとカナダで冷夏になり、それが農作物に壊滅的な被害を及ぼしたというものです。その原因は、前年のインドネシアのタンボラ火山の噴火だと考えられています。

最近の事例では、1991年のピナツボ火山の噴火も挙げられます(図02-02-05)。このときは、夏の北半球の中緯度で地表気温が0.3℃ほど下がり、地球全体で0.1～0.2℃下がりました。そして、その影響は噴火後2年間に及びました。ちょうど日本では、1993年に記録的な冷夏になり、米が不作となったため、1994年にタイ米を輸入することになったのを覚えている人もいるかもしれません。

図02-02-04　大規模な火山噴火が気候に及ぼす影響

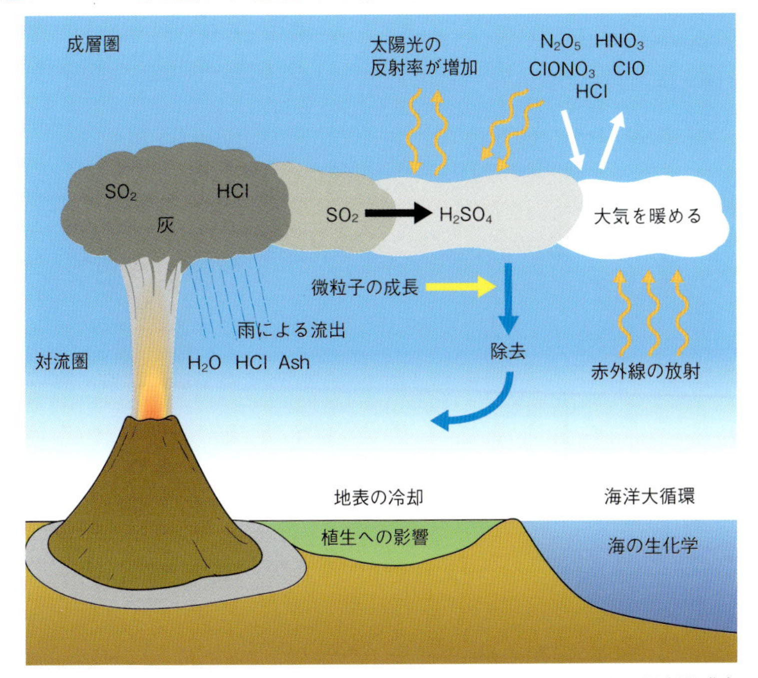

出典：Max Planck Institute for Meteorology HPを元に作成

図02-02-05　大規模火山が地球の気温に及ぼした影響

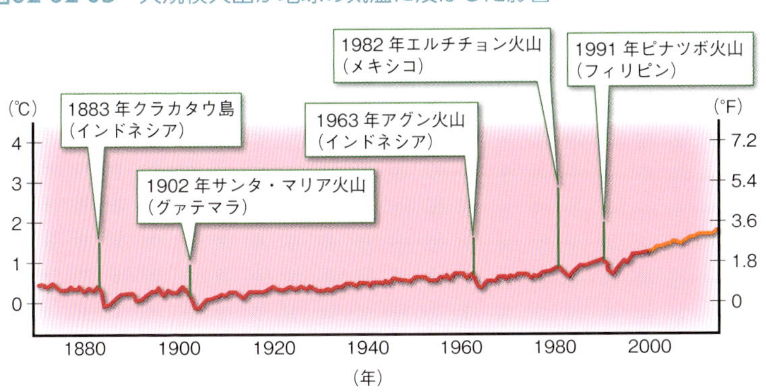

大規模な火山噴火のあとは、必ず気温が下がっていることがわかる。

出典：Gary Strand（NCAR/DOE）を元に作成

気候変動の原因①
海洋・大気循環による影響

地球の熱をまんべんなく運ぶ大気と海洋

気候のメカニズムには、大気と海洋の循環も大いに関係しています。もともと、地球は太陽と地面とのなす角度が大きい赤道付近で温まりやすく、角度の小さい北極と南極で冷えやすくなる傾向にあります。しかし、その状態が続くと、赤道と北極・南極が受け取る熱の量がどんどん偏ってしまいます。しかし、実際には大気や海洋が動くことで、地球上の熱が偏り過ぎないように調整されているのです。

大気の動きに目を向けてみると、赤道付近で暖められた大気は上昇し、上空を北極・南極の方向へ移動して、中緯度で冷やされて下降します。これを「ハドレー循環」といいます。また、北極や南極では、冷たい空気が下降し、赤道方向に向かって移動して、中緯度で上昇します。これが「極循環」です。ハドレー循環と極循環に挟まれた中緯度では、「フェレル循環」と呼ばれる大気の循環もあります。フェレル循環のある地域の上空には、偏西風と呼ばれる強い西風が吹き、ハドレー循環と極循環のある地域の上空では東風が吹きます(図02-03-01)。

気候を作る大気大循環

この大気の大循環は、世界の気候区分とも密接に関連しています(図02-03-02)。赤道付近は熱帯収束帯と呼ばれ、北からの風と南からの風がぶつかり、上昇流が生まれます。地表付近の大気が上昇流によって上空に運ばれると、大気が冷やされて雲ができ、雨を降らせます。熱帯雨林気候と呼ばれる地域は、この熱帯収束帯とほぼ重なります。

また、赤道よりも少し高緯度の場所は、乾燥地域となっています。これは、ハドレー循環によって運ばれた大気が下降する場所とちょうど重なっています。大気が下降すれば、気温が上がるため、雲ができにくくなります。だから、雨があまり降らず乾燥するのです。

図02-03-01 大気の大循環

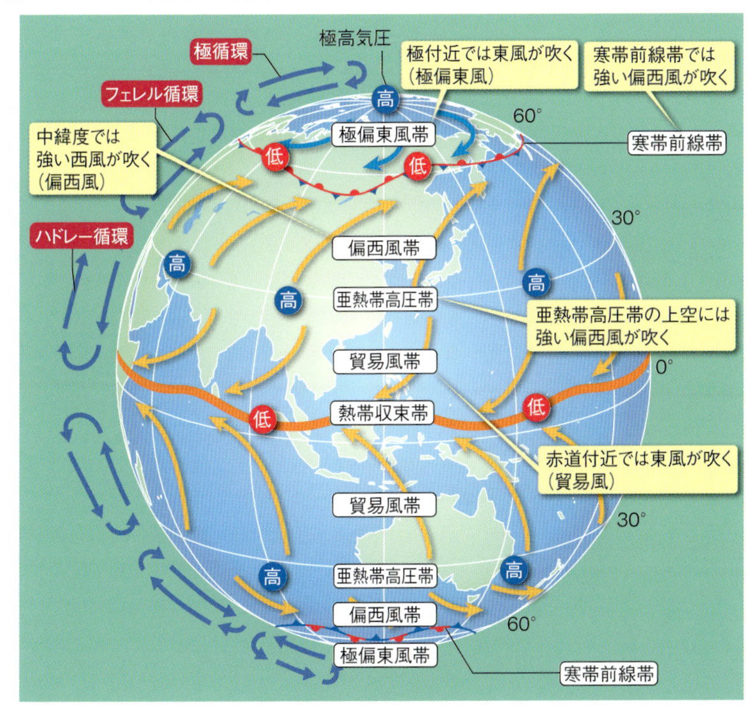

出典：『気象の図鑑』筆保弘徳・岩槻秀明・今井明子著/技術評論社

図02-03-02 世界の気候区分

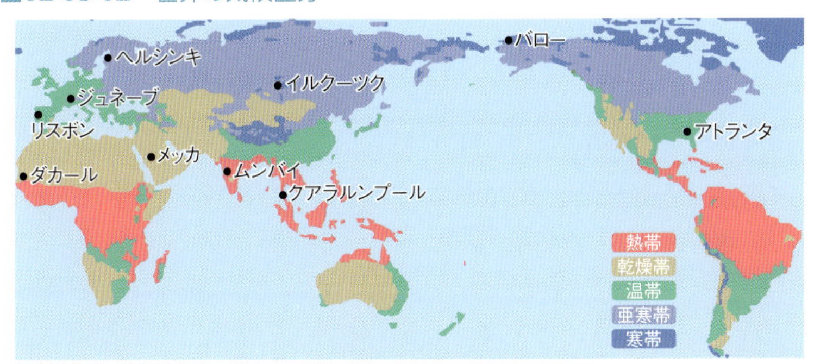

出典：『気象の図鑑』筆保弘徳・岩槻秀明・今井明子著/技術評論社

そして、日本付近で前線を伴う温帯低気圧が西から東へと通過するのは、偏西風の働きによるものなのです。

海と大気の相互作用

大気の循環は、海洋の循環とも深くかかわっています。たとえば、海水温が高ければ大気を暖めます。海の水が蒸発し、その水蒸気が雲を作ります。雨が降れば、海水の塩分は薄くなります。こうして、海水の塩分濃度が変化したり、海上を風が吹いたりすることが、海洋を循環させます(図02-03-03)。

海洋の循環と聞いて、みなさんがまず思い浮かべるのは海流だと思います。日本の沿岸には黒潮に代表される暖流や、親潮に代表される寒流が流れていますね。図02-03-04を見るとわかるとおり、世界中で「黒潮」や「親潮」のように名前のついた海流が流れています。海流は、海の表面から500～1000mの、比較的浅い場所の現象で、海上を吹く風によって起こります。日本の沖合には北太平洋海流が西から東へと流れていますが、これは日本付近を通る偏西風の影響を受けているのです。このような海洋表層の循環のことを風成循環(ふうせいじゅんかん)といいます。

なお、海洋表層の循環は、風だけではなく、海面の凹凸とも関係があります。海水は液体なので、水位が地域によって違うなど想像がつかないかもしれませんが、地上の風の強さや地球の自転、水温、塩分濃度の違いなどで、地域によって水位は違うのです。特に、北太平洋の亜熱帯域の水位が高く、南極の周辺で低くなる傾向にあります。海流は、海面水位の高いところに沿った形で生まれているのです。

用語解説

黒潮と親潮：黒潮は、日本の太平洋側を南から北へ流れる暖流のことで、日本海流ともいう。親潮は、日本の太平洋側を北から南へ流れる寒流のことで、千島海流ともいう。

図02-03-03　海と大気の相互作用

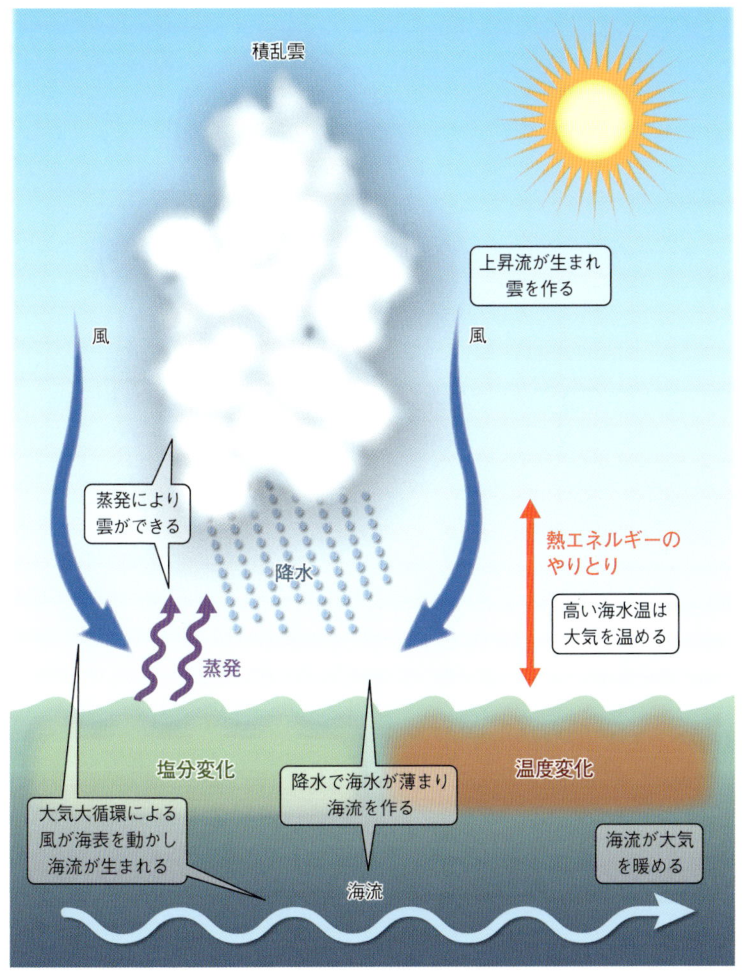

熱帯域の高い海水温は大気を暖め、上昇流を生み出す。また、海の蒸発もさかんなため、大気に水蒸気を供給する。こうして熱帯域には積乱雲ができ、これが大気大循環のもととなる。大気大循環によって発生した風は、海の表面を動かして海流を生み出す。降雨によって海水が薄まると、海水の密度も変化し、これも海流を作る。海流によって大気は暖められたり冷やされたりする。このように、大気の大循環と海流は密接に結びついている。

出典：『図説　地球環境の事典』吉崎正憲・野田彰編集代表/朝倉書店を元に作成

図02-03-04　海の表層循環

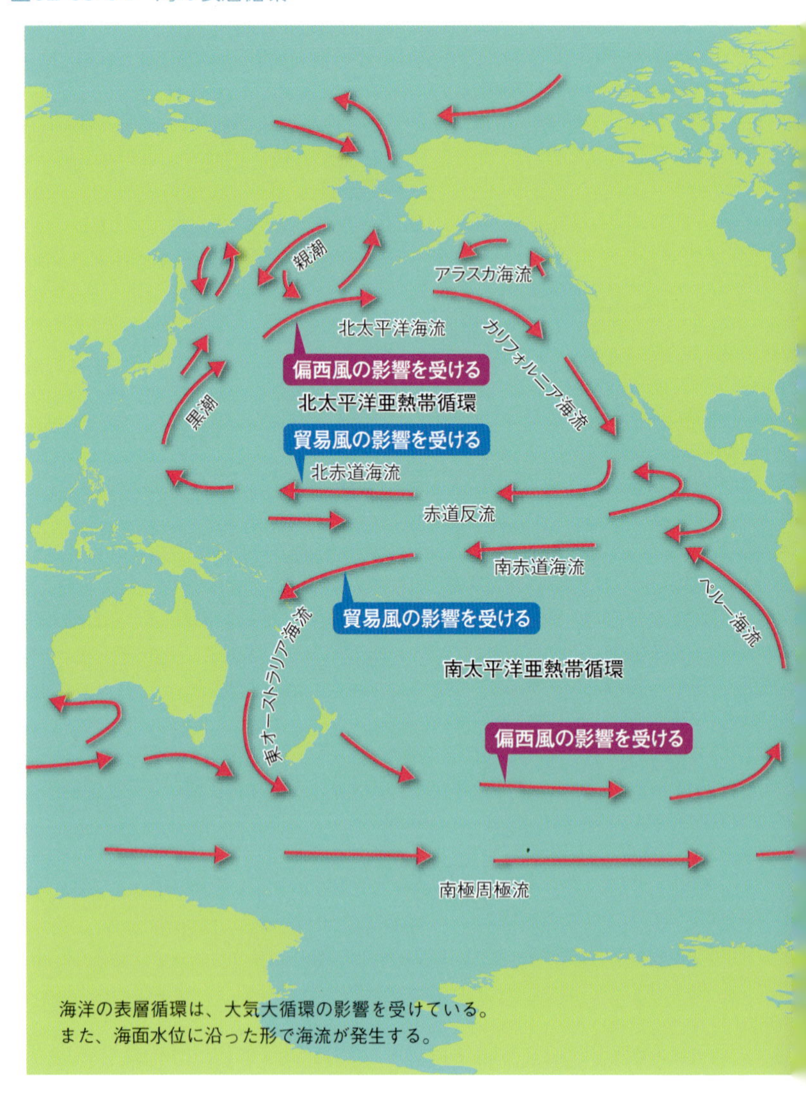

海洋の表層循環は、大気大循環の影響を受けている。
また、海面水位に沿った形で海流が発生する。

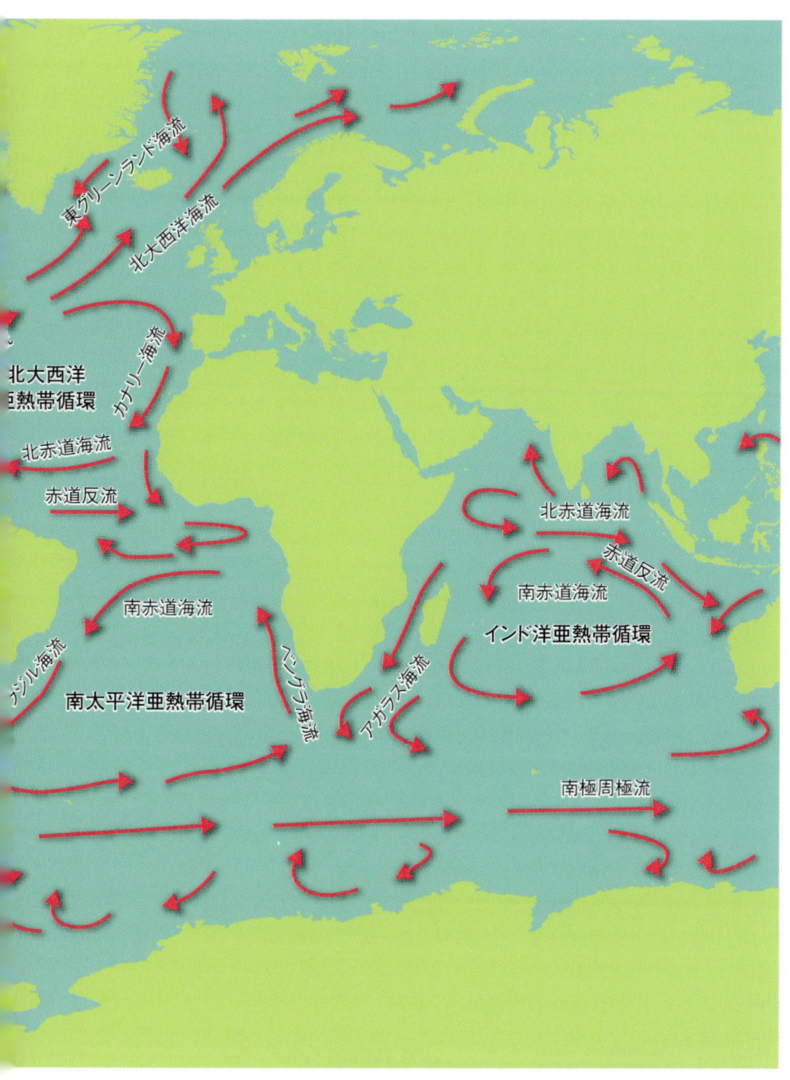

出典：『地球温暖化　そのメカニズムと不確実性』公益社団法人日本気象学会
地球環境問題委員会編/朝倉書店（ピネ、2010を改変）を元に作成

深海では別の流れも

海洋は水平方向だけでなく、上下の方向にも循環します。軽い海水は上昇し、重い海水は下に沈みます。海水の重さは水温と塩分濃度によって決まり、温かくて塩分の薄い海水は軽く、冷たくて塩分の濃い海水は重くなります。

このような原理に基づき、深海では表層とは違った循環をします。大まかに見ると、表層で北極海へ行った海水が、そこで冷やされて深くもぐり込み、図02-03-05のような循環をすると考えられています。これを熱塩（ねつえん）循環と呼び、約1500年近くの年月をかけて行われる循環です。

海洋が気候にも影響を及ぼす

このように、海洋は、地上の風や気温の影響を受けて循環しますが、逆に海洋が気候に影響を与えることもあります。

日本では、黒潮の流れるところは温暖な気候です。また、ヨーロッパは日本にくらべて高緯度なのに、さほど寒くありません。これは、図02-03-04の海の表層循環を見れば、赤道から運ばれてきた暖かい海水が、ヨーロッパのすぐ近くを通っているからだとわかります。

海洋表層の風成循環は、数十年単位の気候変動に影響を及ぼしており、深層の熱塩循環は、千年単位の気候変動に影響を及ぼしています。

海洋の気候変動は起こっている？

それでは、海洋で気候変動は起こっているのでしょうか。

まず、地球温暖化と関係なく、海洋は水温の変動を繰り返しています。よく知られているものが、P.98でも解説するエルニーニョ現象ですが、そのほかにも十年〜数十年単位で繰り返される変動があります。

近年目立っている変化としては、30年ほど前と現在をくらべてみたときに、低緯度の暖かい海域で塩分が高く、西の赤道付近の太平洋と高緯度の寒い海域で塩分が低くなってきています。これによって、深層の循環は将来弱くなるかもしれないという予測もあります。暖まった海水面が深海にまでもぐり込まなければ、海から大気も暖められて、地球温暖化が加速するかもしれません。

なお、海水の塩分濃度は、海水が蒸発することで高くなり、降水によって低くなります。近年、塩分濃度が変化しているのは、気候変動によって暖かい海域で海水が以前よりも多く蒸発し、赤道付近の西太平洋と高緯度エリアで降水量が増えているからだと考えられています。

図02-03-05　海の熱塩循環の模式図

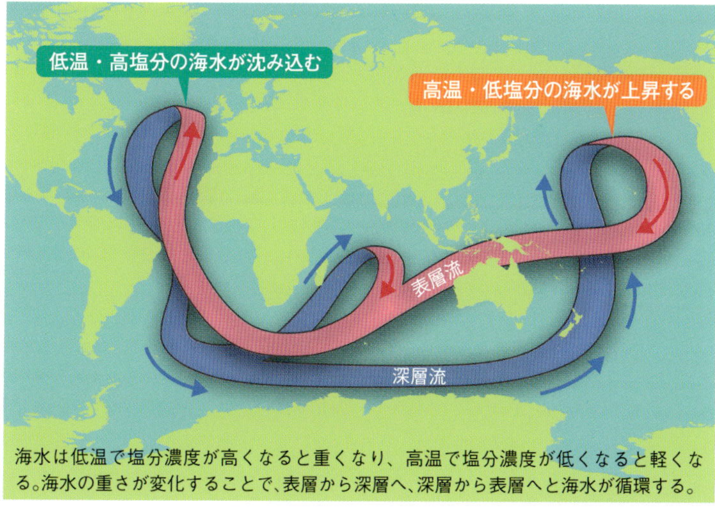

海水は低温で塩分濃度が高くなると重くなり、高温で塩分濃度が低くなると軽くなる。海水の重さが変化することで、表層から深層へ、深層から表層へと海水が循環する。

出典：『地球温暖化　そのメカニズムと不確実性』公益社団法人日本気象学会地球環境問題委員会編/朝倉書店（ピネ、2010を改変）を元に作成

地球温暖化でヨーロッパが寒冷化する？

熱塩循環で、温かい表層流がヨーロッパの近くを通るため、ヨーロッパは緯度の割には温暖な気候です。しかし、近年の地球温暖化によってグリーンランドの氷床が融ければ、北大西洋の海水の塩分濃度が下がり、熱塩循環が変化してヨーロッパや北米が氷期に突入するのではないかという説が出てきました。このヨーロッパ寒冷化説は、2004年製作のアメリカ映画「デイ・アフター・トゥモロー」でも描かれています。しかし、最新の研究では、温暖化のせいでヨーロッパが寒冷化する可能性は低いことがわかっています。

気候変動の原因②
植物の活動による影響

気候によって植物の分布が決まる

気候と植物は、実に密接な関係にあります。まず、世界の植物の分布は、気候区分とよく似ています。これは、図02-04-02の植物分布とP.61の気候区分を見くらべてみるとよくわかります。

赤道付近の高温多湿地帯には熱帯雨林が成立し、それよりも少し高緯度の雨季と乾季のあるサバナ気候では草原の中にときおり高木の混じる植生です。雨がほとんど降らない砂漠気候では植物は生えず、砂漠の周辺のステップ気候では丈の低い草原が広がっています。温帯では常緑広葉樹や落葉広葉樹が、亜寒帯では針葉樹が、そしてツンドラ気候では低木やコケ類、地衣(ちい)類が生えています。

植物は気候を形作る

気候は植物の分布に影響を与えますが、その一方で植物の分布がその土地の気候の特徴をより強めるという側面もあります。というのも、大気と陸の間ではエネルギーや水、炭素、窒素などがやりとりされていますが、植物がこのやりとりをコントロールし、気候へと作用するからです。

植物と水の流れ

まず、雨や雪が降ると植物の葉で雨や雪がさえぎられ、地表に到達する前に水が蒸発します(図02-04-01)。地表に届いた水は土にしみ込み、地下水となって地下を流れ、あるところで湧き出して渓流を作ります。また、土の中の水分は植物の根で吸収され、植物の中の導管を通って葉の気孔から大気に放出されます。これを蒸散(じょうさん)といいます。土の表面近くの水は蒸発して大気中にもどります。そして、強い雨や雪が降れば、土の表面を流れて渓流に注ぎ込みます。このように、植物を介して水は循環し、大気との水のやり取りをコントロールしているのです。

図02-04-01　森林におけるエネルギーと水の循環

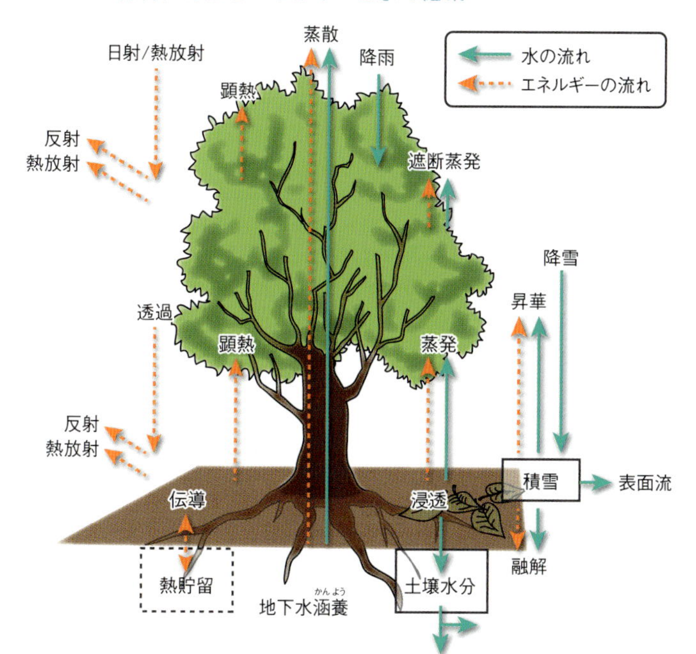

出典：『地球環境変動の生態学』日本生態学会編/共立出版を元に作成

図02-04-02　世界の植生の分布図

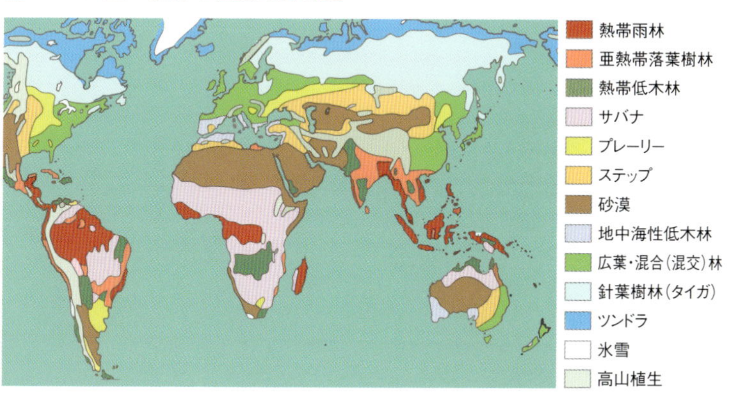

世界の植物の分布図。P.61の気候区分と見くらべると、よく似た図になることがわかる。

出典：『新詳資料　地理の研究』帝国書院編集部編/帝国書院を元に作成

植物とエネルギーの流れ

植物を介してエネルギーもやり取りされます(図02-04-01)。植物は、太陽からの日射と、太陽によって暖められた空気が放つ熱からエネルギーを得ています。

エネルギーが葉に届くと、葉や幹によってエネルギーを反射したり、葉や幹を通り抜けて地面にまで直接到達したりします。そして、残りのエネルギーを葉(や幹)が吸収します。

葉が吸収したエネルギーの一部は、葉の温度を上げるために使われますが、葉の温度が周囲の気温より高いと、周囲の空気を暖めます。ちなみに、空気を暖めたり冷やしたりするために使われる熱エネルギーのことを「顕熱」といいます。

また、葉では蒸散が行われますが、葉の内部で水が水蒸気へと変化すると、周囲から熱を奪います。ちょうど、濡れたタオルで体を拭くと、拭いた後がひんやりするのと同じ仕組みです。このように、水などの物体が気体や液体、固体へ形態を変えるときに周囲とやりとりする熱エネルギーのことを「潜熱」といいます。さらに、植物自体も赤外線を放射しています。これを「熱放射」といいます。

地面に届いたエネルギーは、土壌の表面の水分が蒸発するときに潜熱として使われますし、顕熱や熱放射の発生にも使われます。また、一部のエネルギーは土壌を温める熱となり、土壌中に蓄積されます。このように、植物は水だけでなく大気と陸の間のエネルギーの流れもコントロールしています。

植物とCO_2の関係

次に、温室効果ガスであるCO_2と植物との関係についてみてみましょう(図02-04-03)。ご存じのとおり、多くの植物は昼間に光合成を行います。これは昼間に太陽光のエネルギーを使って大気中のCO_2と地中から吸い上げた水から酸素(O_2)と炭水化物を作り出すシステムです。光合成では、葉の気孔からCO_2を取り込み、気孔から酸素を放出します。そして、合成された炭水化物は、でんぷんなどの形で植物の体の中に貯められて、また成長に用いられます。

一方、植物は動物と同じように酸素を吸収し、CO_2を放出する呼吸も一日中行っています。呼吸によって、炭水化物から活動エネルギーを取り出します。

図02-04-03　森林の炭素循環

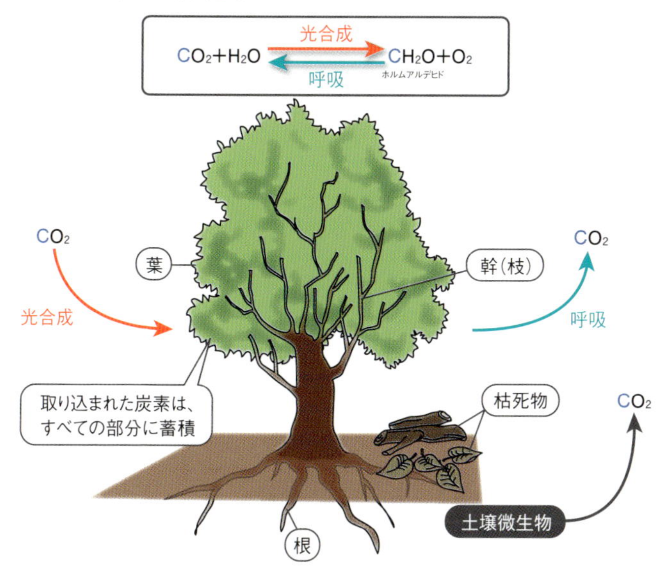

出典：『地球環境変動の生態学』日本生態学会編/共立出版を元に作成

図02-04-04　森林の窒素循環

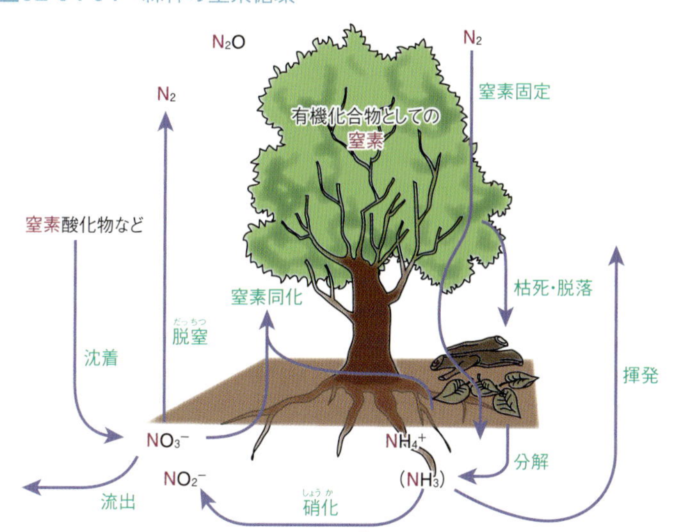

出典：『地球環境変動の生態学』日本生態学会編/共立出版を元に作成

そして、植物が枯れれば、土の中で暮らすバクテリアや菌類、ミミズなどの土壌生物によって植物の体はより細かく分解されていきます。このとき、土の中の生物は呼吸を行い、大気中にCO_2を放出します。このように、光合成によって生態系に取り込まれるCO_2と、動植物の呼吸によって生態系から放出されるCO_2のバランスによって、生態系全体のCO_2吸収量が決まります。

植物と窒素の関係

地球上の窒素(N)も植物を通して循環しています(図02-04-04)。窒素分子(N_2)は化学的に安定している物質のため、ほとんどの生物は直接利用することはできないのですが、一部の細菌や、マメ科植物の根に共生する根粒菌(こんりゅうきん)は、空気中の窒素分子を窒素化合物に変換します。これを窒素固定(ちっそこてい)といいます。大気中の窒素酸化物やアンモニアなども、風や雨によって陸上に運ばれます。動植物の死体や動物の排泄物も、土壌生物が分解することでアンモニアになります。さらにアンモニアは土壌微生物によって硝酸(しょうさん)イオンに変換されます。これを硝化(しょうか)といいます。

植物は、土の中にある硝酸イオンやアンモニウムイオンを根から取り込み、アミノ酸やタンパク質などを合成しています。植物が光合成をして成長するためには、このような栄養塩は欠かせません。

さらに、土の中の窒素酸化物は、ある条件下で土壌微生物の働きによって窒素分子や亜酸化窒素(N_2O)になり、大気中にもどっていきます。この亜酸化窒素は、主要な温室効果ガスのひとつです。また、土の中の窒素化合物は水に溶けて渓流へと流出します。このようにして、大気中の窒素も植物や土壌を通じて循環しているのです。

植物の変化が地球にも影響を及ぼす

地球上のエネルギーや水、物質の流れに植物が大きな役割を果たしているため、植物は気候にも影響を及ぼします(図02-04-05)。まず、夏は生態系全体の呼吸よりも光合成の方が大きくなり、大気中のCO_2の濃度は下がります。逆に、冬は太陽のエネルギーが弱まりますし、落葉樹は葉を落とすので、冬の光合成の量は減り、大気中のCO_2濃度が上がります。

また、雪や氷で覆われている、

見た目が白っぽい地域は太陽からの光を反射しやすく、森林のように濃い緑色、すなわちどちらかというと黒っぽい色の地域は光を吸収しやすいという性質があります。これも、地上の気温などに影響を及ぼします。

では、植物や土壌からなる生態系は全体として、地球上にCO_2を放出するほうに働きかけているのでしょうか。それとも、吸収する方に働きかけているのでしょうか。今の段階では、地球全体としてはまだ吸収する役割を担っていると考えられています。しかし、今後地球が温暖化すれば、土壌の微生物の活動が活発になり、CO_2の放出が増えていくかもしれません。

図02-04-05　気候と陸の生態系との相互作用

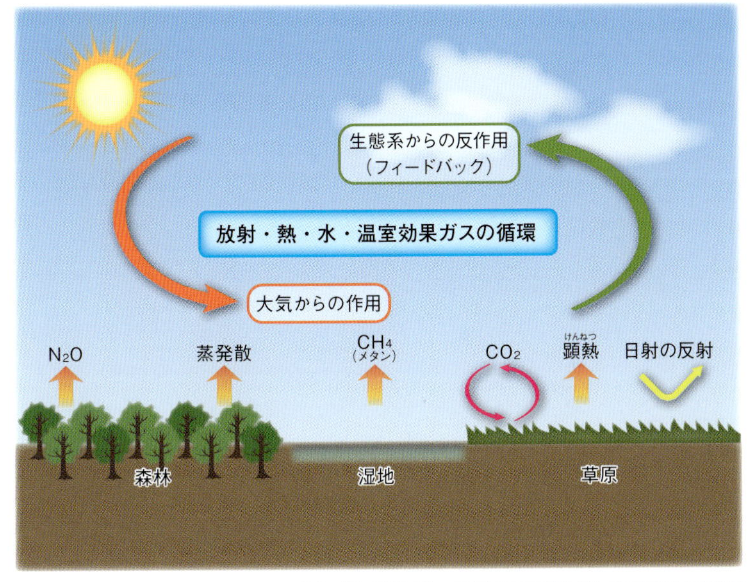

出典：『地球環境変動の生態学』日本生態学会編/共立出版を元に作成

気候変動の原因③
人間の活動による影響

CO_2濃度の増加が地球温暖化を導く

産業革命以降、工業化が進むことで大気中のCO_2やメタン(CH_4)、亜酸化窒素(N_2O)などの温室効果ガスの濃度が増加しています。これは、人類が化石燃料を燃やしたり、セメントを生産したりすることで発生したものです。

地球にはもともとCO_2や水蒸気などの温室効果ガスがあり、そのおかげで地球上の平均気温は14℃程度に保たれてきました。しかし、人間の活動によって温室効果ガスが増えれば、気温はさらに上昇してしまいます。

近年の気温上昇や、それに伴う海洋の変化、雪や氷の減少などは、もともと地球が繰り返してきた気候変動だけでは説明がつかず、人間による活動も大いに影響を及ぼしていると考えられています(図02-05-01)。

エアロゾルが増えることによる影響も

一方、産業革命以降増えている工場の煙や排気ガスの中にふくまれるエアロゾルも、地球の気温に影響を及ぼします(図02-05-02)。

まず、エアロゾルは、それ自体は太陽の光を散乱(さんらん)したり、吸収したりして、地表に届くのを妨げます。また、雲粒の核にもなります。大気中の水蒸気は、湿度100%になってもなかなか水滴にはなりませんが、核があればすぐに水滴になり、これが雲になるのです。つまり、エアロゾルは雲を作りやすくする働きがあるということです。

用語解説

散乱：波が、その波長にくらべて小さい標的に当たると、その標的に対して外向きの波ができる現象。太陽の可視光線がその波長に対してはるかに小さいエアロゾルにぶつかると、波長の短い青色の光が強く散乱されて、空が青く見える。これをレイリー散乱という。また、太陽の可視光線の波長と同じ大きさのエアロゾルにぶつかると、可視光線が等しく散乱されて白く見える。これをミー散乱という。PM2.5や黄砂などで空が白くかすんで見えたり、雲が白く見えたりするのは、ミー散乱が起こっているからである。

図02-05-01　人間活動と地球温暖化

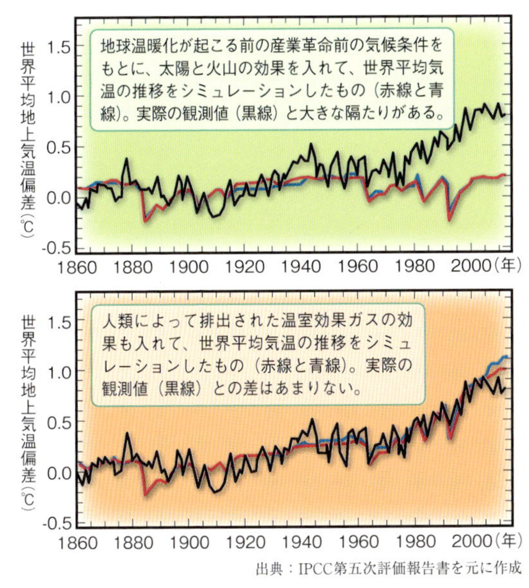

出典：IPCC第五次評価報告書を元に作成

２つのグラフから、最近の地球温暖化が地球本来の気候変動だけでは説明がつかず、人間による活動の影響が大きいことがわかる。

図02-05-02　エアロゾルの働き

大気上端
地表面
エアロゾルは、それ自体が太陽の光を散乱したり呼吸したりする。
直接効果
人間活動の影響を受けていない雲。
雲粒が小さくなることで雲の密度が高まり、太陽光をより反射する。
第一種間接効果
雲アルベド効果
雲の寿命が長くなり、太陽が地表まで注ぐ時間が短くなる。
第二種間接効果
雲寿命効果
太陽光を吸収して大気が加熱され、雲粒が蒸発する。すると、太陽光が地表まで届くようになる。
準直接効果

出典：『地球温暖化の事典』独立行政法人国立環境研究所　地球環境研究センター編著/丸善出版を元に作成

人類による活動でエアロゾルが増えれば、雲の中の雲粒の数が増え、そのかわり雲粒の大きさが小さくなります。つまり、雲の中は雲粒がギッシリと詰まった密度の濃い状態になるので、より太陽の光を反射して、太陽光が地表まで届きにくくするのです。

さらに、雲粒が小さくなると雲の寿命が長くなります。というのも、雲粒はぶつかり合うことでより大きな雨粒となり、地面に落ちて雲は消えていくのですが、雲粒が小さいとなかなか雨粒の大きさにまで成長しないからです。雲の寿命が長くなれば、それだけ太陽の光は地面に届く時間も短くなります。これも、エアロゾルが気温を下げる要因のひとつです。

エアロゾルも気温を上げる

このように、気温を下げるほうに働くことが多いエアロゾルですが、ときには気温を上げる場合もあります。たとえば、エアロゾルの中でも黒色炭素や砂ぼこりは、太陽の光を吸収して大気を暖める働きがあります。気温が上がれば、雲粒が蒸発して雲もできにくくなるので、より太陽の光が地表に届きやすくなります。

また、このような黒色炭素や砂ぼこりは、高緯度地域にある雪や氷の表面に付着すると、雪や氷が黒っぽくなります。すると、太陽光を吸収して、雪や氷が溶けやすくなります。これは、最終的に海面水位を上昇させる原因となります。

人類の活動は地球温暖化を促進する

人類の活動によって排出された温室効果ガスやエアロゾルは、地球の環境に大いに影響を及ぼすことがわかりますが、最終的には地球を暖めるのでしょうか。それとも、冷やすのでしょうか。IPCC第五次評価報告書にある図02-05-03を見ると、やはり地球を暖める方向に働くことがわかります。

人為の活動によって地球温暖化が起こり、それがさまざまな影響を及ぼしている現在、世界ではなるべく温室効果ガスやエアロゾルを排出しないような工夫が求められています。

図02-05-03　人類の活動は大気を暖めるのか、それとも冷やすのか

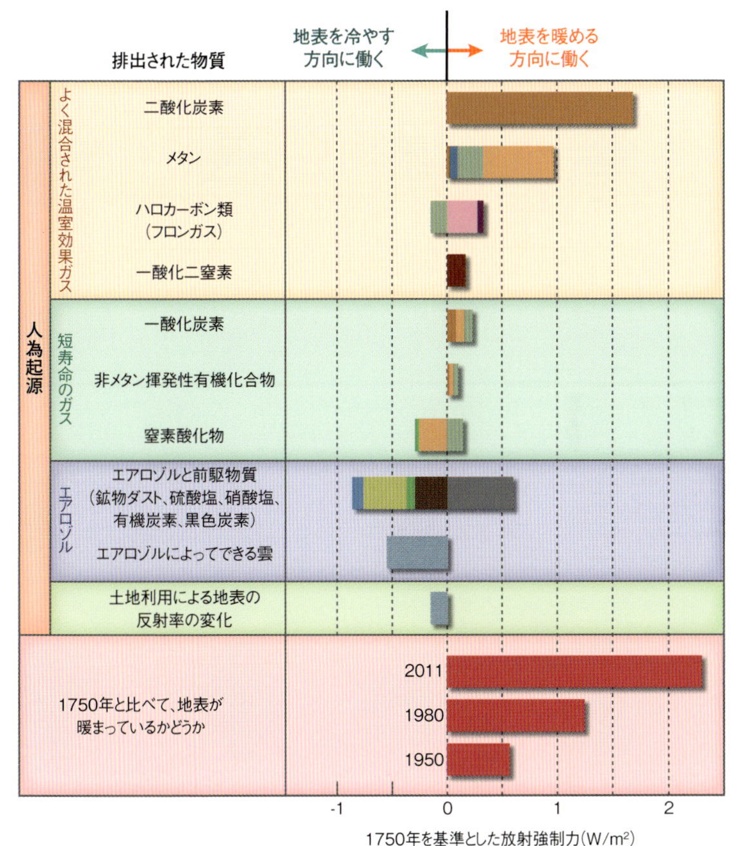

出典：IPCC 第五次評価報告書を元に作成

温室効果ガスは地表を暖める効果があり、エアロゾルは地表を冷やす効果がある。しかし、人類の活動を総合的に見ると、地表を暖める方向に働いていることがわかる。

図02-05-04　炭素循環と人間活動の影響の模式図

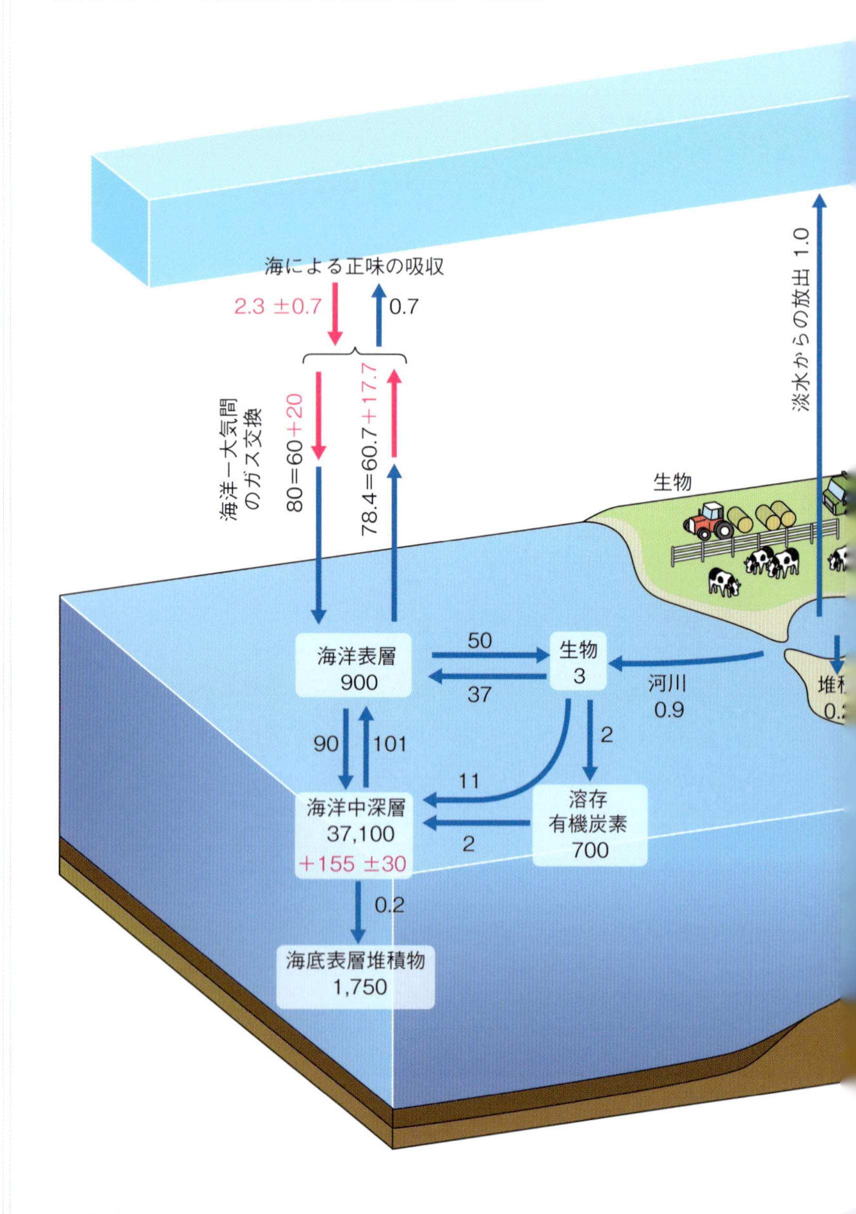

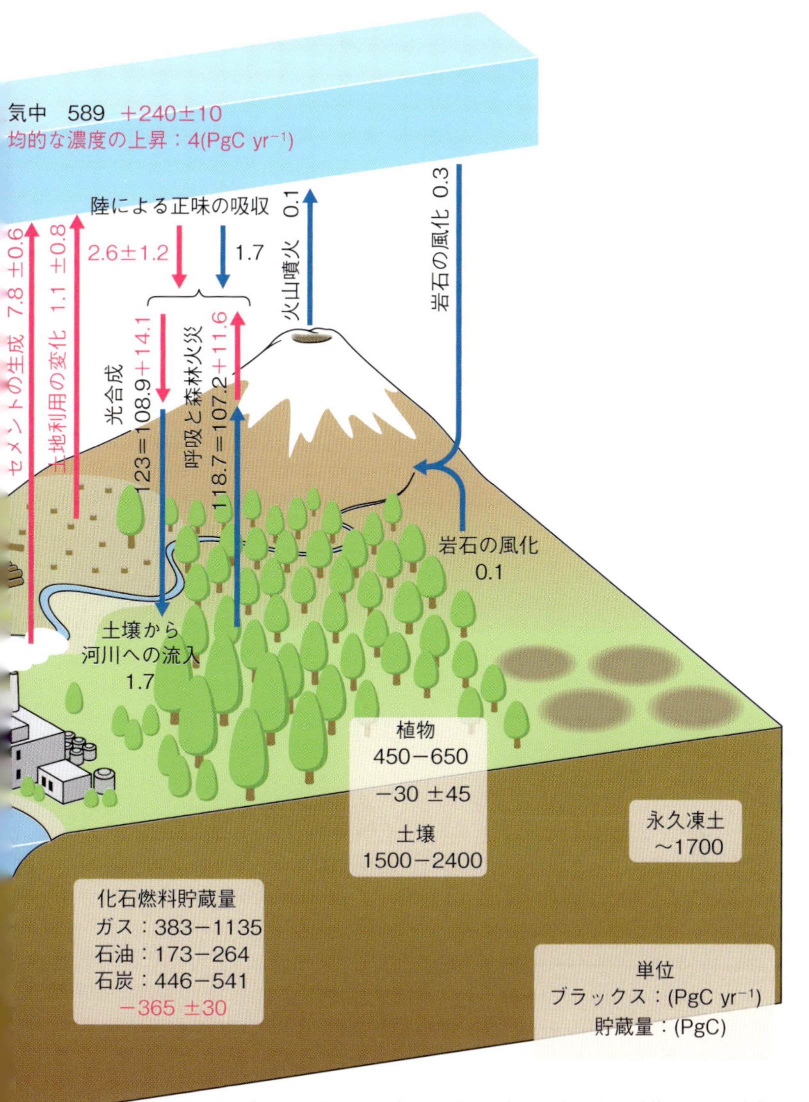

青は自然の活動による炭素の循環を表す。赤は人間活動によって変化した量を示す。18世紀半ばの産業革命以降、化石燃料の燃焼やセメントの生成、森林の農地化などの人類による活動で、炭素換算で5550億トンのCO_2が大気中に放出された。この増加したCO_2の約30%は海洋に、約30%は陸に吸収されている。PgCは1000兆g炭素量。

出典：IPCC 第五次評価報告書を元に作成

気候変動の原因④
土地利用の変化による影響

農地や牧草地、植林による土地利用

人類は、狩猟・採集生活から、農耕・牧畜生活を送るにあたって、もともとあった森林を切り開いて、農耕地や牧草地として利用してきました。いわば人類の文明は、森林伐採とともにあるといえます(図02-06-01)。

それでも、昔は人口が少なく、森林を切り開いて得られる土地からの食料や木材の消費も多くはなかったため、むやみに森林を伐採しなくても生活は成り立っていました。また、作業はすべて手作業だったため、ひとりあたりで管理できる土地の面積も限られていました。そして、近代にいたるまでは、森林伐採による土地利用は文明の発達した中緯度の温帯地域に限られていたのです。

しかし、大航海時代に入って世界各地に植民地が形成され、産業革命によって蒸気機関などの動力が使われるようになると、森林伐採は世界中で行われるようになりました。森林から木材を採取したり、農耕・牧草地として利用したりするだけでなく、鉱物資源や燃料を採取するために森林が伐採されることも増えました。

こうして、世界の土地利用は近年大いに変化し、もともとあった森林や草原の面積が減って、農耕地、牧草地、都市の面積が増えてきています。そして、このような土地利用の変化が地球の気候にも影響を及ぼしているのです。現在、大気へのCO_2(累積)排出量の約1/3は、土地利用の変化による影響と考えられています。

森林破壊で温室効果ガスが増える

森林や草原は、光合成を行うことで大気中のCO_2を吸収しています。図02-06-02を見るとわかるとおり、産業革命以降に人類の活動によって大気中に排出されたCO_2は大幅に増加しましたが、生態系全体のCO_2吸収量も増加しています。しかし、これ以上森林が伐採されてしまえば、大気中のCO_2は昔ほど吸収されなくなって

図02-06-01　地球上の土地利用の変化

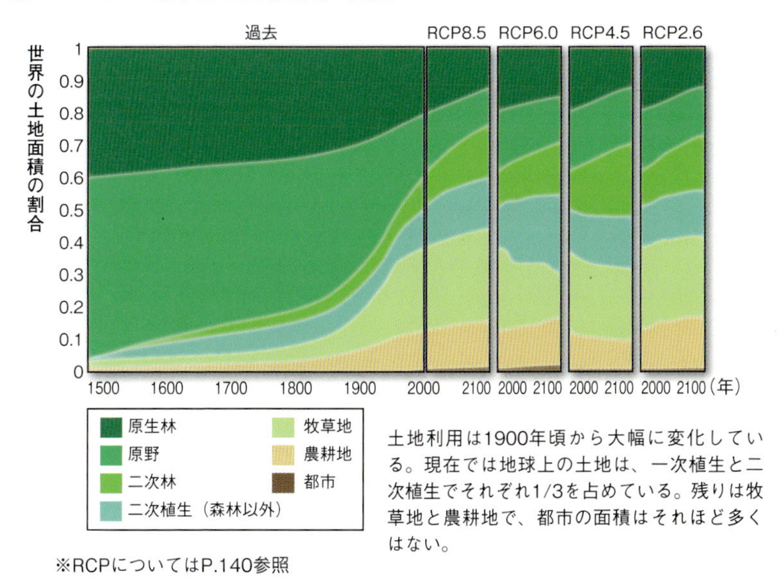

土地利用は1900年頃から大幅に変化している。現在では地球上の土地は、一次植生と二次植生でそれぞれ1/3を占めている。残りは牧草地と農耕地で、都市の面積はそれほど多くはない。

※RCPについてはP.140参照

出典：Hurtt et al. (2009) iLEAPS newsletter、羽島知洋（海洋研究開発機構）の資料を元に作成

図02-06-02　CO_2の行方

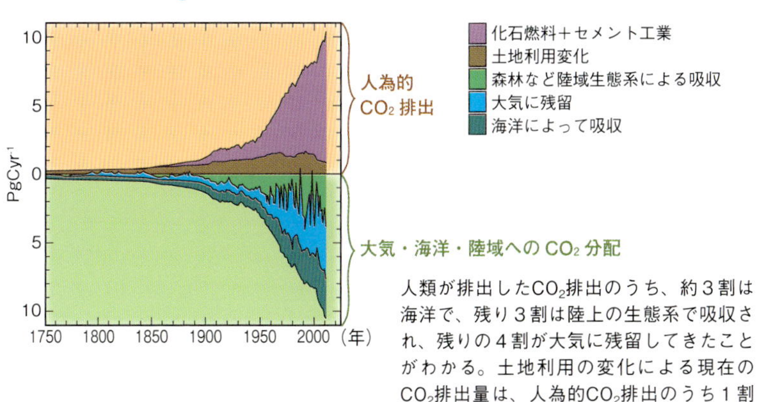

人類が排出したCO_2排出のうち、約３割は海洋で、残り３割は陸上の生態系で吸収され、残りの４割が大気に残留してきたことがわかる。土地利用の変化による現在のCO_2排出量は、人為的CO_2排出のうち１割程度を占めている。

出典：IPCC 第五次評価報告書を元に作成

しまうことでしょう。
森林を伐採して農耕地や牧草地として利用しても、植物が生えているから、光合成をしてくれるのではないかと思うかもしれません。しかし、図02-06-03を見るとわかるとおり、森林を農地や牧草地として利用すると、陸上のバイオマスが減り、その分だけ大気へCO_2が放出されてしまうのです。そして、森林の跡地に残った、枯れた植物や土壌有機物が分解されれば、大量のCO_2が放出されます。さらに、森林を牧草地にして牧畜を行うと、家畜のゲップや糞尿から温室効果ガスの一種であるメタン(CH_4)が大気中に放出されます。
では、林業として土地を利用するのはどうでしょうか。こちらは一応「森」なので、さほど地球環境に影響を及ぼさないように見えます。しかし、原生林を一度伐採して、木材となる木を植えると、成長するまでに時間がかかり、原生林の頃ほどのバイオマスはありません。しかも、植林された木は伐採後に燃料や紙、パルプ、家具などに利用された後、最後に燃やされてしまうので、結果としてCO_2の排出につながるのです。
もちろん、一度伐採された森林も、時間がたてば二次林になり、元の植生にもどろうとします。二次林になれば、バイオマスも元の量に近づきます。しかし、そこまで到達するには数百年もの長い時間がかかるのです。
つまり、森林を切り開いてその土地を人類が利用するということは、長い目で見ると大気中の温室効果ガスを増加させることにつながってしまうのです。

森林伐採が気候に及ぼす影響

このように、森林伐採は大気中の温室効果ガスを増やすことにつながり、それが地球温暖化の原因となるわけですが、それ以外にも気候に影響を及ぼす要素があります。
まず、森林が伐採されて農耕地や牧草地になると、空から見た土地の色が木の深い緑色から草の薄緑色に変化します。つまり、白っぽい色に変わります。黒っぽい色よりも白っぽい色のほうが太陽光を反射しやすいため、森林よりも農耕地や牧草地、都市のほうが太陽の光を反射しやすくなります。
となると、一見地球が以前よりも冷える方向に働きかけそうなのですが、必ずしもそうとは限りません。今まで地表を覆っていた森

図02-06-03　森林伐採によるバイオマス変化

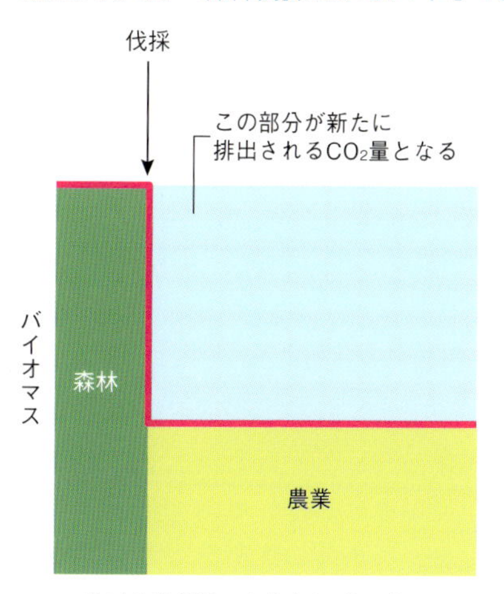

森林を農耕地に変化すれば、バイオマス全体が減る。

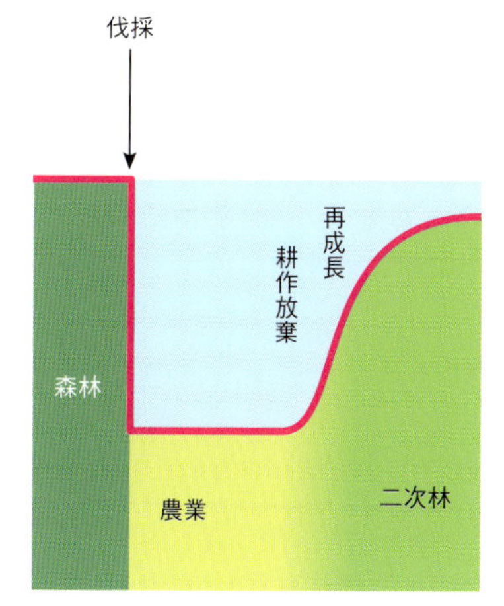

耕作放棄することで二次植物ができれば、バイオマスはある程度元にもどる。

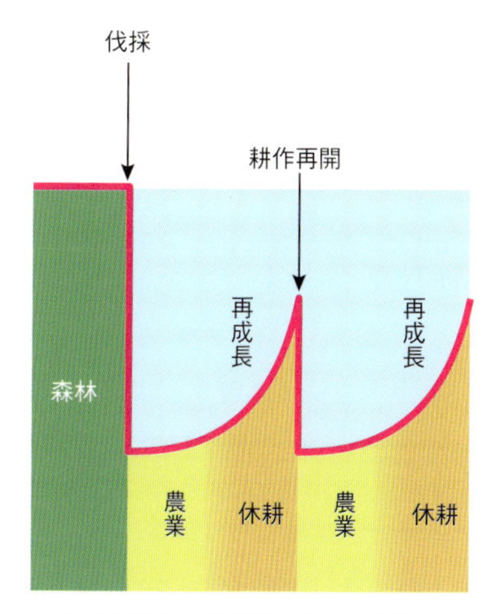

休耕と耕作を繰り返せば、バイオマスは少ないながらも周期的に変化する。

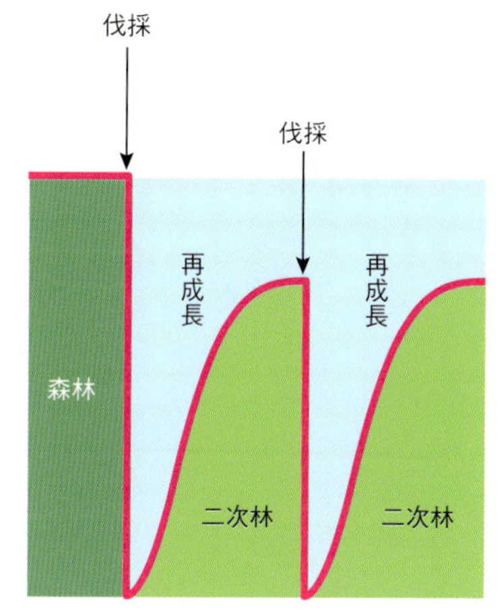

植林と伐採を繰り返せば、バイオマスも周期的に変化するが元のレベルにはなかなか回復しない。

出典：Ramankutty et al.(2007)Global Change Biologyのデータを元に作成

林がなくなると、蒸散によって大気中に放出されていた水蒸気が減り、潜熱のかわりに顕熱で熱が輸送されやすくなります(P.68、70)。こうなると、地表面の温度は高くなり、気温の上下も激しくなって昼間の気温は急上昇します。

また、森林よりも伐採された土地のほうが、風が通りやすい傾向にあります。これも、地表近くの風速に影響を与えるので、局所的な大気の循環を変化させる働きがあります。

森林伐採で起こる土壌流失

これまで、森林を農地や牧草地などに利用しても、その規模が小さかったため、土地利用をやめれば二次林などができ、植生は回復していきました。

しかし、産業革命以降に人類による土地利用が増えたことで植生の回復にも時間がかかるようになり、ときには回復できなくなるという問題も発生しています。

森林が伐採されると、土壌の中にある有機物が分解され尽くして、土壌の保水力が失われてしまいます。また、樹木の一番上の部分である樹冠や、落ちた枝や葉は雨や風から土壌を守る働きをするのですが、森林が伐採されればそれがなくなるため、雨によって表土が流れやすくなります。すると、土壌有機物や栄養塩も流れて土地がやせてしまうのです。

特に日本のように山地の多い場所では、森林がなくなると、地滑りや土砂崩れなどの土砂災害を引き起こしやすくなります。

また、森林の土壌が持つ、雨水をろ過して水質を浄化する働きも見逃せません。現在、発展途上国の主な都市の飲料水の大部分は、森林が浄化しています。今後森林が破壊されていけば、人々は今以上に水不足といった問題に苦しむことになるかもしれません。

砂漠化や都市化も問題に

乾燥地帯では近年砂漠の面積が広がってきていることも問題になっています(図02-06-04)。砂漠化は、気候変動による干ばつだけが原因なのではなく、人為的な原因もあります。そのひとつが過放牧です。特に、中央アジアの草原やアフリカの一部地域では、降水量が少なく農耕が難しいことから、草原に家畜を放牧することで食料を賄っています。過剰に放牧された家畜がその土地の植物を食

図02-06-04　2000年現在の地球上の乾燥地の分布

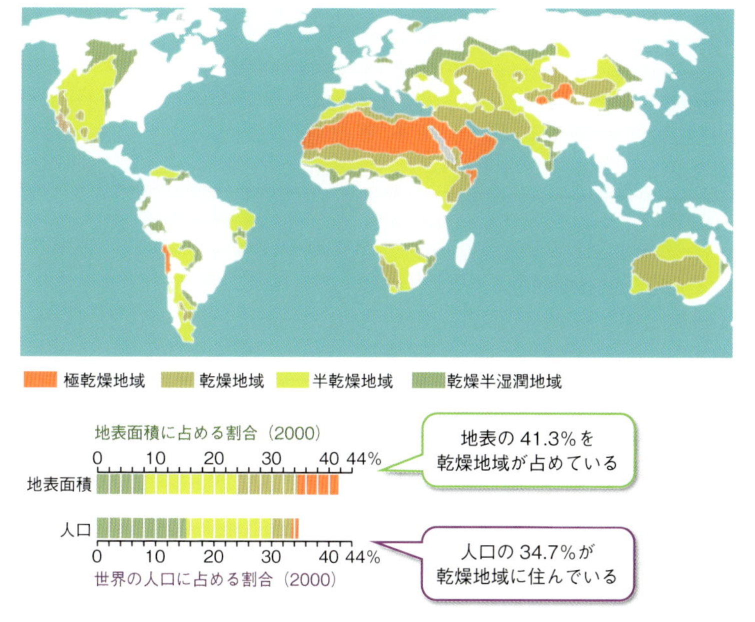

出典：Millennium Ecosystem Assessment (2005) を元に作成

生態系を脅かす酸性雨

産業革命以降の工業化によって起こった酸性雨も地球環境に影響を及ぼし、問題になっています。工場や自動車などから排出されるエアロゾルの中でも、硫黄酸化物(SO_X)や窒素酸化物(NO_X)は、雨に溶けることで、雨が酸性化します。これが酸性雨です。酸性雨は、地球上の森林を破壊する働きがあります。酸性雨によって土壌や水が酸性化すると、森林が枯れてしまうのです。ほかにも、酸性雨によって多くの川や湖が酸性化して魚が死んだり、大理石の彫刻やコンクリートでできたビルが溶けたりするという悪影響が出ています。

べつくしてしまえば、土壌が雨風にさらされてやせてしまうため、植物が育ちにくくなります。これが砂漠化につながっていくのです。

また、塩類集積も砂漠化を悪化させるもののひとつです。乾燥の激しい場所では、地表が乾燥すると地下水が地表まで上昇していきます。地下水には塩分が含まれているため、地下水が地表で蒸発すると、塩分が土壌の中にたまっていくのです。土壌の塩分濃度が濃くなると、植物は水を吸収することができず、枯れてしまうのです。

砂漠の面積が増えれば、地表面の水分が減って昼間は地表の温度や地表近くの気温が上がるため、そのうち大気の流れも変わってくるはずです。砂漠化は地球の気候にも何らかの影響を及ぼすようになることでしょう。

都市化の気候に及ぼす影響も無視できません。都市化によってヒートアイランド現象(P.126)が起これば、局所的な気温の上昇はさらに大きくなります。世界の全陸上の面積における都市の面積の割合は少ないものの、多くの人間は都市に住むので、人類は都市化の影響を大いに受けてしまうことでしょう。

森林破壊は生態系にも影響を及ぼす

森林には、さまざまな種類の植物が生息しています。さらに、その葉や実を食料にしたり、幹や枝を住処にしたりして、たくさんの動物も暮らしています。陸上の動植物の2/3以上の種類は森林に暮らしているといわれています。

しかし、図02-06-05を見るとわかるとおり、1850年と2000年の一次植生(原生林)の分布を比べてみると、近年はアマゾンの熱帯雨林帯であっても、手つかずの森や草原が減少傾向にあることがわかります。

原生林が伐採されると、森の生態系にも影響を及ぼします。まず考えられることは、バイオマスが減ることで、森林で暮らす生物の食糧が奪われるということです。また、森林が減少し、分断化されると、森でしか暮らせない生物の移動範囲が狭まり、生息できる場所や繁殖の機会が限られていきます。つまり、森林が破壊されると、生物が絶滅して、生物多様性が失われてしまう可能性があるのです。

図02-06-05　一次植生の変化

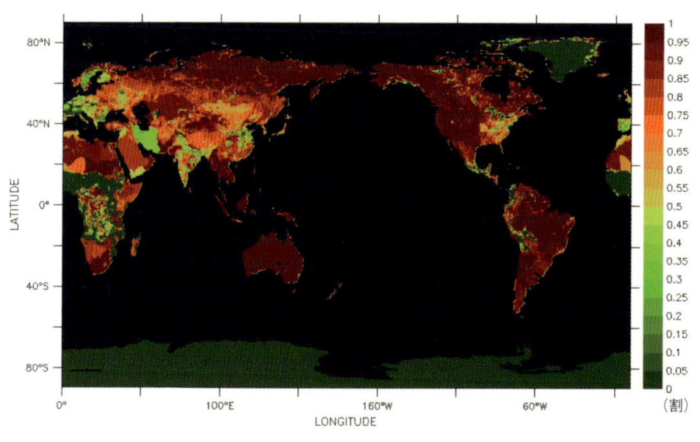

一次植生の割合(1850年)

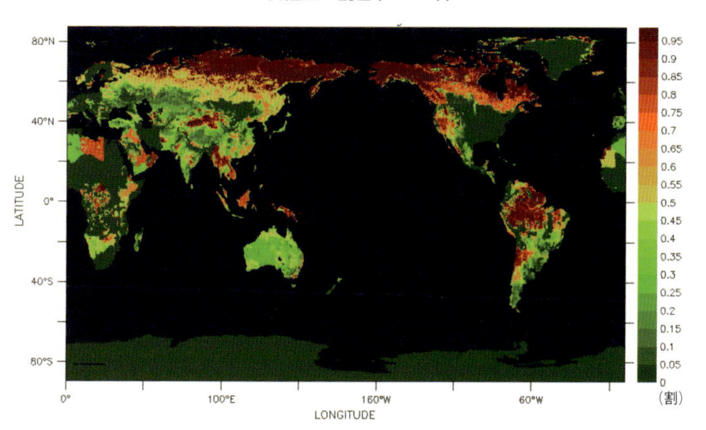

一次植生の割合(2000年)

出典：Hurtt et al.(2009) iLEAPS newsletterのデータを元に羽島知洋(海洋研究開発機構)が作成

上は1850年の一次植生(原生林)の分布。下は2000年の一次植生の分布。一次植生は北の大地や一部の熱帯にしか残っていないことがわかる。

バイオマス：生物資源の量を示す概念。一般的には、再生可能な生物由来の有機資源で、化石資源を除いたものと定義されている。

二次植生：伐採や自然災害などで森林が破壊された後に、土の中に残った種子や根などが成長することでできた林のことをいう。

気候変動の原因⑤
地球規模の異変による影響

数年ごとに繰り返す異常気象

何年かに一度、記録的な冷夏や干ばつなどが起こると農作物に被害が出て、異常気象として大きなニュースになるものです。特に日本では、昔から東北地方や北海道で数年に一度は低温や日照不足が起こり、凶作をもたらしてきました。

このような現象は、人類の活動が原因ではありません。何年かごとに規則的に繰り返す「経年変動（けいねんへんどう）」と呼ばれる現象です。

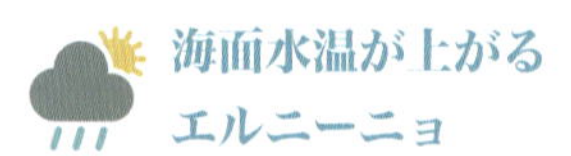

海面水温が上がるエルニーニョ

経年変動には何種類かあり、特によく知られているのが、「エルニーニョ現象」です(図02-07-01)。これは、赤道付近の東太平洋側の海面水温が高くなる現象です。この海域は深海からの冷たい海水が湧き上がる、赤道湧昇（せきどうゆうしょう）と呼ばれる現象があるため、周辺よりも海面温度が低い傾向にあります。この赤道湧昇が何らかの理由で弱まると、海面の水温が高くなります。もともと、この海域は毎年クリスマス頃になると赤道湧昇が衰えてカタクチイワシがいなくなります。そこで、現地の人たちは、カタクチイワシがいなくなる現象を指して「エルニーニョ(神の子、男の子の意味)」と呼んでいました。

通常は、クリスマスを過ぎれば赤道湧昇が元にもどり、またカタクチイワシが獲れるようになります。しかし、何年かに一度はクリスマスを過ぎてもカタクチイワシの不漁が続くことがあります。つまり、赤道湧昇が弱まったままの状態が続くのです。これがどうやら、世界の気象に影響を及ぼすことがわかってきたため、エルニーニョ現象は世界的に有名になりました。

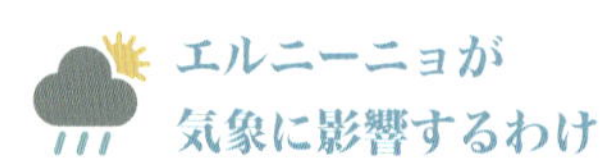

エルニーニョが気象に影響するわけ

なぜ、エルニーニョ現象が気象にも影響するのでしょうか。それは、海上を吹く風の強さが違ってくるからです。そもそも、東太平

図02-07-01　エルニーニョ・ラニーニャ現象の仕組み

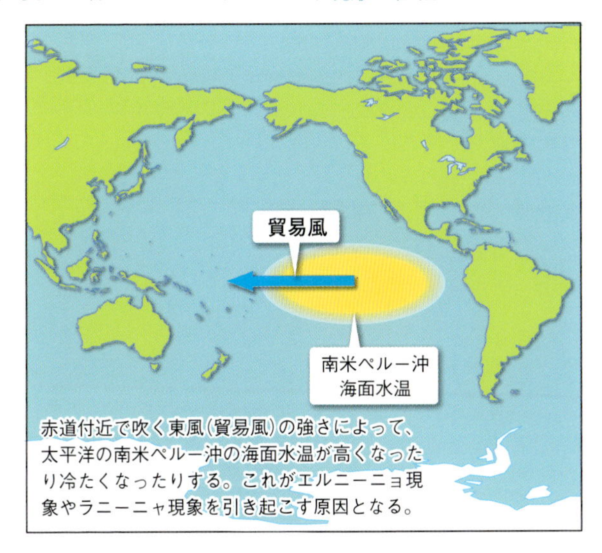

貿易風
南米ペルー沖
海面水温
赤道付近で吹く東風（貿易風）の強さによって、太平洋の南米ペルー沖の海面水温が高くなったり冷たくなったりする。これがエルニーニョ現象やラニーニャ現象を引き起こす原因となる。

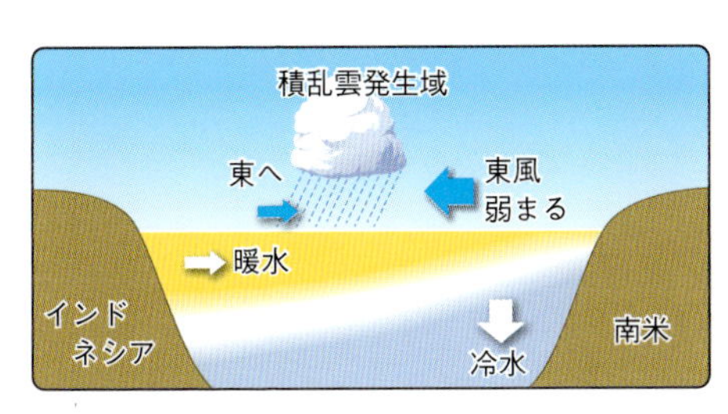

エルニーニョの年

海上の東風が弱く、東太平洋の赤道湧昇も弱くなり、海面水温が高めになる。東風が弱いため、太平洋の真ん中あたりで上昇流が起こって雨が降る。

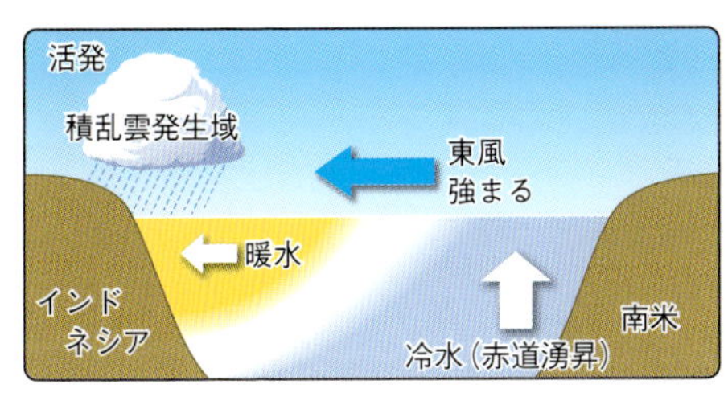

ラニーニャの年

海上の東風が強く、東太平洋で赤道湧昇が起こって海面水温が低温になる。太平洋の西側では上昇流が起こって気圧が低くなり、雨が降る。

出典：『一般気象学』小倉義充著/東京大学出版会を元に作成

洋の赤道湧昇は、赤道付近の東風によって海の表層の海水が西に吹き寄せられることで起こります。東風は西太平洋で上昇し、そこで雲を作って雨を降らせます。しかし、エルニーニョ現象が起こる年は、東風が弱いため、その雲がもっと東側に発生します。普段と違う場所に雲ができることによって、遠方の気象にも影響を及ぼすのです。

なお、エルニーニョと反対に、赤道湧昇が強すぎて、海面水温が例年よりも低くなる年もあり、こちらは「ラニーニャ(女の子の意味)」と呼ばれています。エルニーニョとラニーニャはおおむね数年おきに繰り返すことがわかっており、これを「南方振動(なんぽうしんどう)(ENSO)」と呼んでいます。

エルニーニョ現象は、当初はペルーやエクアドルなどの南米の地域特有の現象だと思われていたのですが、日本など遠くの国の気象にも影響を及ぼすことがわかってきました。エルニーニョの年は日本では冷夏に、ラニーニャの年は、日本は猛暑になります(図02-07-02)。のように、遠くの現象が気象に影響をもたらすことを「テレコネクション」といいます。

日本では、気象庁が北緯4°～南緯4°、西経150°～90°の海域をエルニーニョ監視海域と定義し、長期予報に役立てています。エルニーニョ現象の世界共通の定義はないのですが、気象庁ではエルニーニョ監視海域の海面水温の、基準値との差の5か月移動平均値が+0.5℃以上となった場合に「エルニーニョ現象が発生」、−0.5℃以下となった場合に「ラニーニャ現象が発生」と表現しています。

 太平洋十年規模振動による影響

エルニーニョ現象の周期の変動ですが、それよりも長い周期の気候変動もあります。特に異常気象をもたらすものとして世界で注目されているのが、「太平洋十年規模振動(たいへいようじゅうねんきぼしんどう)」です。

北太平洋では、図02-07-03で示すように中央部で海面水温が下がると、北米沿岸で海面水温が上がります。これをPDO指数が正であるといいます。そして、その逆に、中央部で海面水温が上がると、北米沿岸で海面水温が下がります。これをPDO指数が負であるといいます。太平洋十年規模振動は、このような海面水温の上下が、十年～数十年ごとに繰り返す現象のことです。具体的には、1940年代

図02-07-02　エルニーニョ・ラニーニョ現象が日本の天候へ影響を及ぼすメカニズム

エルニーニョ現象

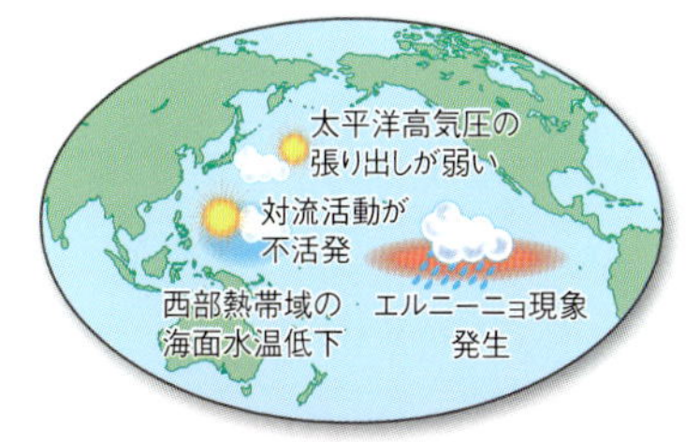

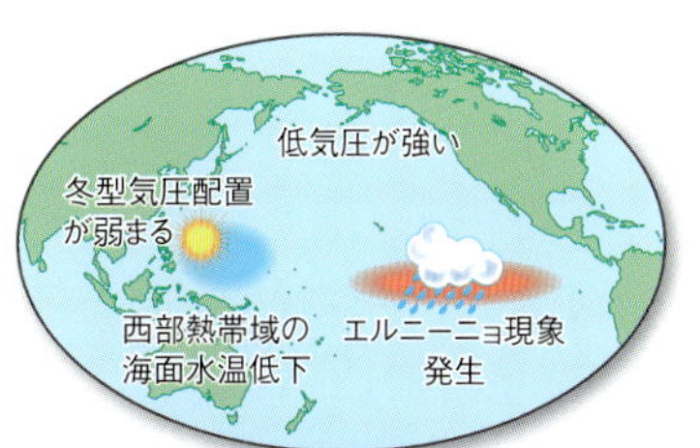

エルニーニョ現象の夏季の天候への影響

太平洋高気圧の張り出しが弱くなり、気温が低く、日照時間が少なくなる。西日本日本海側では降水量が多くなる。

エルニーニョ現象の冬季の天候への影響

西高東低の気圧配置が弱まり、気温が高くなる。

ラニーニャ現象

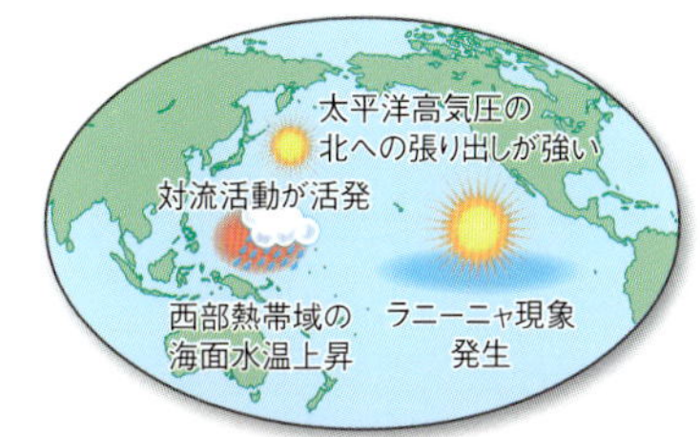

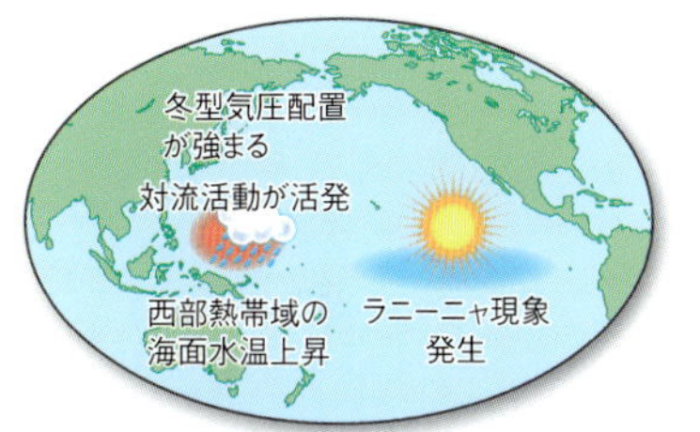

ラニーニャ現象の夏季の天候への影響

太平洋高気圧が北に張り出しやすくなり、気温が高くなる。沖縄・奄美では南から湿った気流の影響を受けやすくなり、降水量が多くなる。

ラニーニャ現象の冬季の天候への影響

西高東低の気圧配置が強まり、気温が低くなる。

出典：気象庁HPを元に作成

から1970年代末のPDO指数は負で、1970年代末から1990年代は正、2000年代以降は負となっています。

太平洋十年規模振動は、もちろん大気にも影響を及ぼします。PDO指数が正になると、冬期にアリューシャン列島付近を覆うアリューシャン低気圧と上空の偏西風が強くなり、冬に北米北西部で高温、米国南東部からメキシコで低温になる傾向にあります。日本では、夏に低温傾向になります。これは、偏西風が南のほうを流れて偏西風の北にある冷気が日本を覆うからです。一方、冬には日本では特に明確な傾向はみられません。

偏西風の蛇行

P.61の大気大循環の図で説明したとおり、日本付近の上空には偏西風が吹いています。そして、偏西風の中でも特に風速が速いものをジェット気流と呼んでいます。この偏西風も異常気象をもたらすことがあります(図02-07-04)。

そもそも偏西風は、時間とともに南北に蛇行する性質があります。偏西風の蛇行は、北の冷気を南に運び、南の暖気を北に運ぶ役割を果たしています。

偏西風が南へ蛇行しているところは周囲よりも気圧が低い低気圧が、北へ蛇行しているところは周囲よりも気圧が高い高気圧があり、普段はそれらが東へ流れていきます。春や秋に、西から東に低気圧が移動し、天気が変化していくのはそのせいです。

しかし、蛇行が強くなりすぎると、低気圧と高気圧が偏西風から切り離されます。ちょうど、川の蛇行が激しくなりすぎると川の横に三日月湖ができるのをイメージするとわかりやすいかもしれません。これが「ブロッキング」と呼ばれる現象です。ブロッキングによってできた低気圧や高気圧は、偏西風によって東へ流れて行かず、同じところに長期間滞在します。そして、低気圧が居座った場所では雨が降り続き、高気圧が居座ったところでは高温が続くのです。

北極付近の気温も異常気象の原因

エルニーニョと並んで、日本に異常気象をもたらす原因が、北極(ほっきょく)振動(しんどう)です(図02-07-05)。こちらは、北極を中心とした気圧が変動する現象です。北極に低気圧がある場合は北極付近に寒気が集中し、

図02-07-03　太平洋十年規模振動の海水温の分布

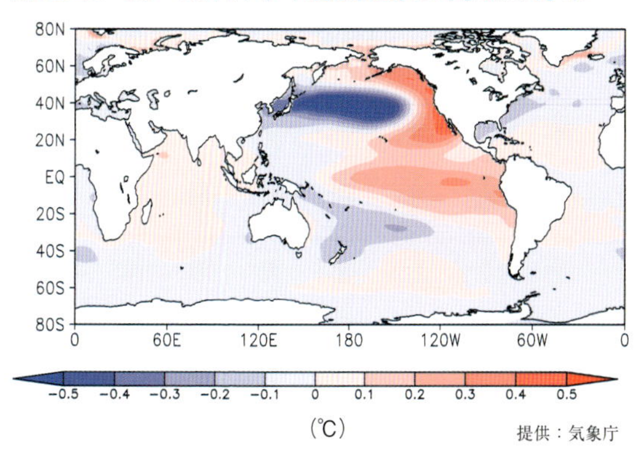

提供：気象庁

PDO指数が正であるときの海面水温の分布。青の箇所は以前よりも海面水温が下降し、赤の箇所は以前よりも上昇した。この配置が、十年～数十年にかけて反転する。

図02-07-04　偏西風のパターン

東西流型

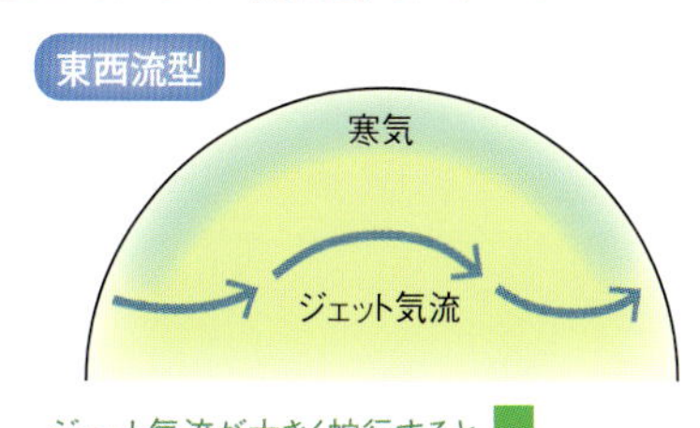

偏西風があまり蛇行しないパターン

ジェット気流が大きく蛇行すると

南北流型

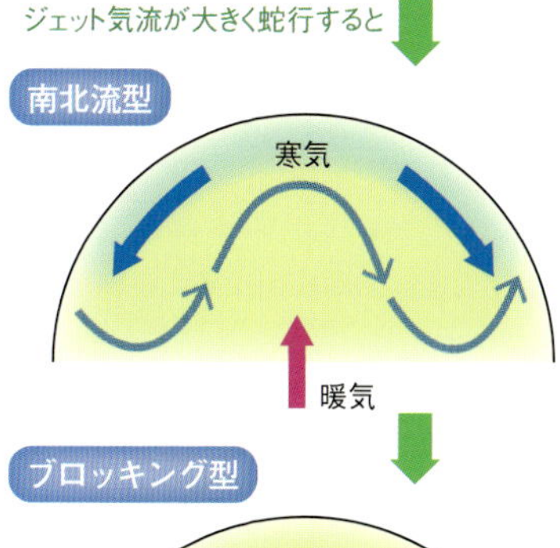

偏西風が大きく蛇行するパターン。寒気が南下し、暖気が北上して、天候不順を引き起こす

ブロッキング型

低　高　低

高気圧や低気圧が偏西風から切り離される。異常気象をもたらしやすい

出典：『図解雑学　異常気象』植田宏昭監修、保坂直紀著/ナツメ社を元に作成

それより南の地域は暖かくなる傾向にあります。北日本を中心として暖冬となるのはこのパターンです。

逆に、北極に高気圧がある場合は北極付近の寒気が南の方まで流れ、日本をはじめ中緯度の地域は寒冬となります。

インド洋版エルニーニョも

エルニーニョ現象は太平洋で起こるものですが、インド洋でもエルニーニョ現象と似たような現象が起こります。これを「インド洋ダイポールモード現象」といいます（図02-07-06）。

西インド洋が平年より暖かければ、インド洋の上空の大気の対流活動が活発になり、雲ができて雨をもたらします。このとき、アフリカが豪雨になりやすく、インドネシアからオーストラリアは干ばつになり、日本も暑い夏になりやすくなります。

一方、東インド洋の水温が平年よりも高くなると、東南アジアやオーストラリアで対流活動が活発になって豪雨をもたらします。

2015年は、エルニーニョ現象が発生し、太平洋高気圧の張り出しが弱くなるため、日本の夏は冷夏になると予想されていました。

しかし、蓋を開けてみると、日本の７月～８月上旬は35℃を超すような猛暑日が連続して発生し、暑い夏となりました。

エルニーニョ現象が起こると日本は冷夏になるはずなのに、なぜ猛暑になったのでしょうか。それは、2015年にはインド洋ダイポールモード現象が発生し、正のダイポールモードになったからです。

このように、異常気象は、さまざまな要素が絡み合って発生するものです。エルニーニョ現象が起こったからといって、必ずしも冷夏になるとは限らないのです。

５か月移動平均：毎月の海面水温について、ある月とその前後2か月をふくめた5か月を平均をとった値のこと。

エルニーニョ監視海域の基準値：前年までの30年間の海面水温を月別に平均した値のこと。たとえば、2008年の基準値は1978年～2007年の30年間の平均値、2009年の基準値は1979年～2008年までの30年間の平均値となる。

図02-07-05　北極振動の模式図

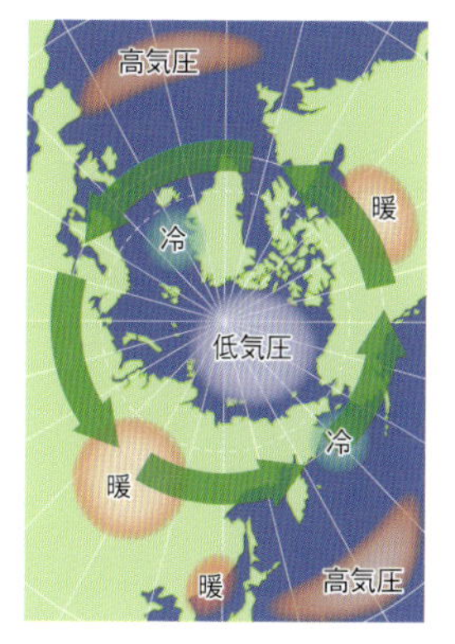

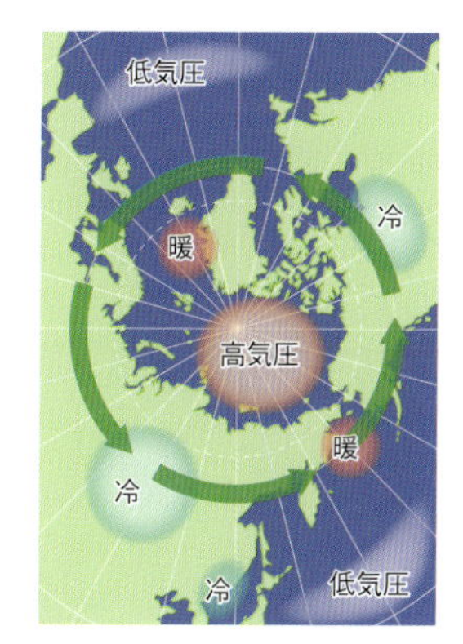

左は北極に低気圧が居座り、寒気が蓄積されている状態。中緯度は暖かくなる。
右は、北極に高気圧が居座り、北極の寒気が中緯度に流れて中緯度が寒くなる。

出典：『地球温暖化　そのメカニズムと不確実性』公益社団法人日本気象学会地球環境問題委員会編/朝倉書店を元に作成

図02-07-06　インド洋ダイポールモード現象の概念図

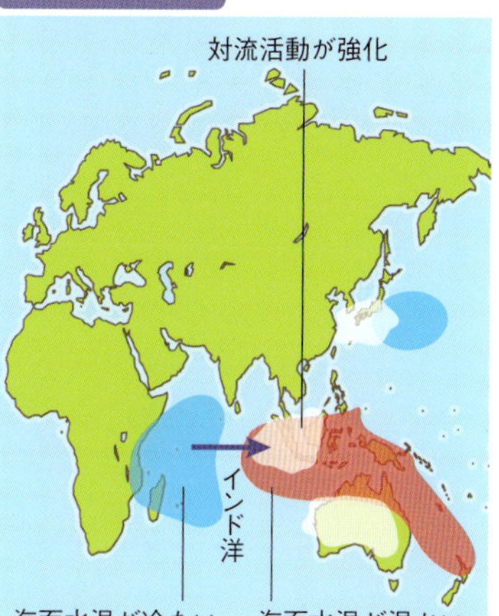

青色は平年より海面水温が冷たい海域。赤色は平年よりも海面水温が温かい海域。白色は対流活動が強化されていることを示す。左は西インド洋の海面水温が高い正のダイポールで、右は東インド洋の海面水温が高い負のダイポール。

出典：『図説　地球環境の事典』吉田正憲・野田彰編集代表/朝倉書店を元に作成

太陽系のほかの惑星は暑い？　寒い？

地球以外の太陽系の惑星の気温は、一体何℃なのでしょうか。

まず、太陽から一番近い水星は、地表の最高気温が427℃、最低気温が－183℃になります。太陽から近いため、気温は非常に高くなるのですが､大気がないので気温の下がり方も極端です。

次に太陽に近い金星は、表面温度が465℃と、水星よりも高いです。これは金星には厚い大気があり、そのほとんどがCO_2でできているからです。CO_2の猛烈な温室効果によって、気温が大幅に上昇しているのです。

地球よりも外側にある火星は、太陽から遠いため気温は低く、表面温度は－120～25℃になります。火星には薄い大気があり、地表にはCO_2や水がドライアイスや氷の形で存在しています。

木星よりも外側にある惑星は、岩石ではなくガスでできています。それぞれの惑星の雲の最上層の温度は、木星が－130℃、土星が－180℃、天王星と海王星が210℃となっています。

第3章
もっと知りたい異常気象

スーパー台風や巨大竜巻、豪雨などの異常気象は、大きな災害をもたらします。どのような原因で起こるのか、気候変動との関連は？　極端な気象現象のメカニズムとともに、将来はどうなるのかについても解説します。

真実はどれ？
異常気象は増えているのか

そもそも異常気象って？

毎日の天気について雑談していると、最近は二言目にはよく「異常気象が多いよね。地球温暖化のせいかしら」という言葉が出てくるものです。

そもそも、異常気象とは、一般的にはその人が一生の間にまれにしか経験しないようなめずらしい現象のこと。気象庁では、異常気象のことを30年に１回の出現率の現象と定義づけています。具体的には、短時間の大雨や強風などの激しい気象現象や、数か月間続く干ばつや冷夏などです。

今年の天気が異常かどうかを判定するために、気象庁では「平年値」を定めています(図03-01-01)。これは、過去30年間の気温や降水量などの観測データの平均値のこと。西暦年の１の位が１の年から連続する30年間の観測データを使って、10年ごとに更新しています。

異常気象と地球温暖化

最近では、ニュースで「数十年に一度の大雨」という言葉もよく聞くようになりました。これは、「ある地点で」数十年に一度は起こるレベルの現象ということです。つまり、全国レベルでは毎年何地点かで起こっていてもおかしくはありません。

もし、全国ニュースで頻繁に「数十年に一度の大雨」というフレーズを聞いても、必ずしも「数十年に一度の大雨がしょっちゅう起こるような、大きな異変が起こっている」とは限らないのです。

異常気象と気候変動との関係は、皆さんの非常に関心のあることだと思います。２章の終わりで説明したエルニーニョ現象や北極振動などは異常気象をもたらす気候変動です。しかし、人類によって起こっている地球温暖化が異常気象の頻度を増やしているのか、より激しい気象現象をもたらすのかどうかは、わかっていることとわかっていないことがあります。

図03-01-01　平年値の概念図

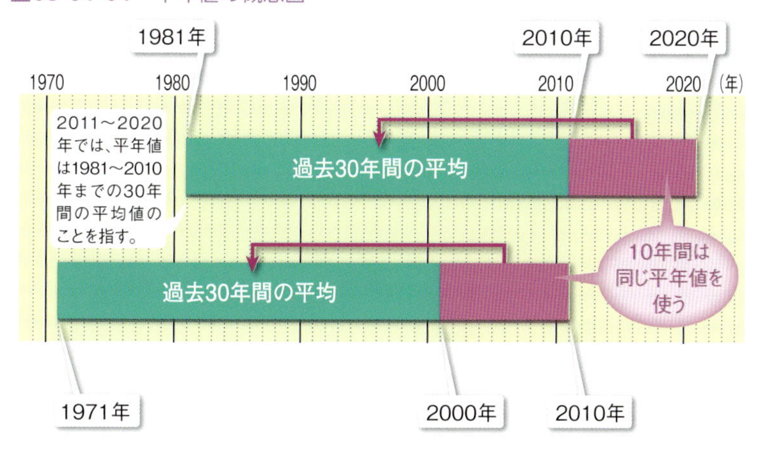

出典：『気象の図鑑』筆保弘徳・岩槻秀明・今井明子著/技術評論社

図03-01-02　平年より高いか低いか

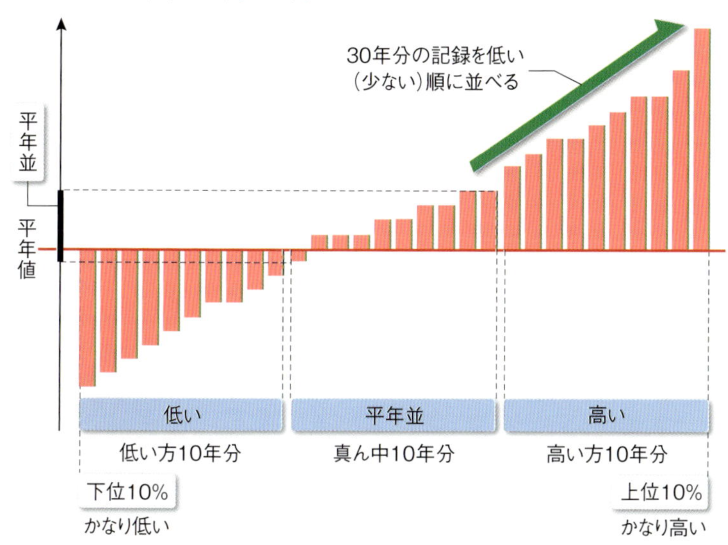

出典：『気象の図鑑』筆保弘徳・岩槻秀明・今井明子著/技術評論社

平年値を決めるための30年間の数値を低い方から順に並べ、低い方から10年分の範囲を「低い」、真中の10年分は「平年並」、高いほうの10年分の範囲を「高い」とする。また、下位10%に入る範囲は「かなり低い」、上位10%に入る範囲を「かなり高い」としている。

極端な気象現象①
スーパー台風

スーパー台風とは

毎年夏から秋にかけて日本に上陸し、さまざまな災害をもたらす台風。2013年の11月にフィリピンを襲った台風ハイエンは、上陸時の中心気圧が895hPa、中心付近の最大風速が65m/s、最大瞬間風速が90m/sに達し、6～7mの高潮被害で死者6000名以上を出すという甚大な被害をもたらしました。（図03-02-01）。ハイエンの最大瞬間風速は時速換算すると時速324km。新幹線よりも速いスピードの風が襲ってくるわけですから、その猛威のほどが想像できるのではないでしょうか。

いまだかつてないほどの勢力を誇ったこの台風は、スーパー台風と呼ばれ、世界中を震撼させました。スーパー台風とはアメリカで使われている用語で、中心付近の最大風速が65m/s以上の熱帯低気圧のことを指します。

さまざまな名称を持つ熱帯低気圧

もともと、台風というのは北西太平洋で発生した熱帯低気圧の中で、中心付近の最大風速が17.2m/sのものをいいます。発達した熱帯低気圧は発生場所によって名称が変わり、北西太平洋のものは台風またはタイフーン、大西洋や北東太平洋のものはハリケーン、インド洋や南太平洋のものはサイクロンと呼ばれています。

日本の気象庁では、台風の強さを中心付近の最大風速によって「強い」「非常に強い」「猛烈な」というランク付けをしています（表03-02-01）。スーパー台風とはアメリカで定義されている台風の強さのランクのひとつですが、日本の「猛烈な台風」の中でも、さらに強いものと考えるとよいでしょう。

台風の一生

台風は赤道の近くにある、海面水温27℃以上の温かい海で発生します。温かい海で大量の水蒸気

図03-02-01　フィリピンを襲った台風ハイエン

2013年11月にフィリピンを襲った台風ハイエン。レイテ島タクロバンでは、高潮と高波で6〜7mの水位上昇が起こり、フィリピン全土で死者6000名以上を出した。

写真提供：NASA

表03-02-01　台風の強さと大きさのランク

強さの階級

階級	最大風速
スーパー台風	65m/s(130ノット)以上
猛烈な	54m/s(105ノット)以上
非常に強い	44m/s(85ノット)以上〜 54m/s(105ノット)未満
強い	33m/s(64ノット)以上〜 44m/s(85ノット)未満

※下3つが気象庁が用いる台風の階級区分。スーパー台風は、気象庁ではなく、米軍合同台風警報センターが用いる台風の階級区分となる。

大きさの階級

階級	風速15m/s以上の半径
大型(大きい)	500km以上〜800km未満
超大型(非常に大きい)	800km以上

出典：気象庁HPを元に作成

をふくんだ大気が強い上昇流によって上空に運ばれると、冷やされて凝結し、雲を作ります。水蒸気が凝結すると、周囲に熱を放出します。すると、さらに上昇流が強まり、積乱雲が発生します。この積乱雲が集まり、渦を巻いて中心気圧が下がると熱帯低気圧に、さらに発達すると台風になるのです(図03-02-02)。

台風は偏東風に乗って北西に進みます。そして、中緯度まで達すると、今度は偏西風に乗って進路を北東に変えます。このとき、太平洋高気圧の縁を通るように進むため、太平洋高気圧の位置が季節によって変わります。従って、台風の進路も季節ごとに変化します。ちょうど日本列島に上陸するのは8〜9月が多くなるのは、こういう理由だからなのです。

台風のエネルギー源は、温かい海からもたらされる水蒸気です。日本付近の海は冷たいですし、日本に上陸すれば水蒸気も供給されません。ですから、日本に上陸すると台風は急速に勢力を失います。台風がその構造を保ったまま弱くなれば、また熱帯低気圧と呼ばれるようになります。

一方、日本付近の冷たい空気とぶつかり、前線ができると、台風は温帯低気圧に変化します。温帯低気圧に変わると、「温帯」というやさしげな語感から、なんとなく安心したくなるものですが、雨や風が弱まるとは限らないので、油断は禁物です(図03-02-03)。

台風がもたらす大雨と強風

台風のもたらす被害でまず思い浮かぶのが強風です。台風と呼ばれる条件は、中心付近の風速が17.2m/s以上、つまり時速約60km以上ということです。一般道を走る自動車と同じくらいですね。特に、天気予報などで赤い円で囲まれた部分は風速が25m/s以上、すなわち時速90km以上の暴風域と呼ばれるところです。高速道路を飛ばす自動車並みの速度ですから、確かに警戒する必要があります。風によって木が折れたり、物が飛んで来たりするだけではなく、高波ももたらします。

台風は大雨も降らせます。特に、眼の周辺にある壁雲（へきうん）からは大量の雨が降るため、土砂災害や河川の氾濫などを引き起こしやすくなります。台風の速度が遅くて同じところに長くとどまると、大雨が長時間降ることになり、被害はさらに大きくなります。

図03-02-02　台風の構造

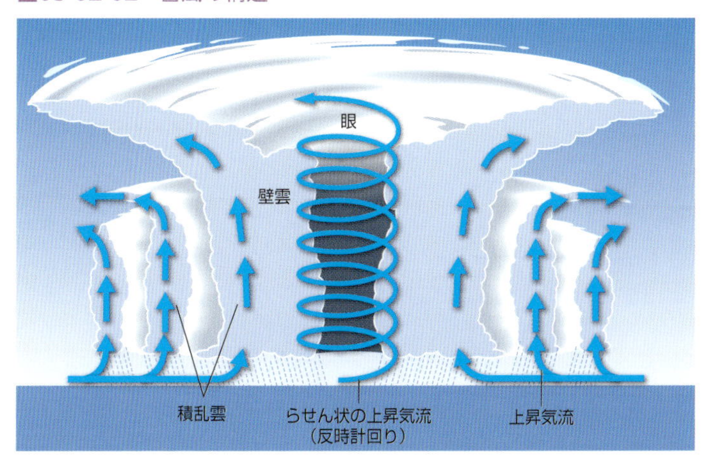

台風は反時計回りの渦巻の形をしている。中心には眼があり、眼の周辺には壁雲と呼ばれる背の高い積乱雲がある。上昇した空気は成層圏の手前でこれ以上上昇できなくなり、横向きに吹き出している。

出典：『気象の図鑑』筆保弘徳・岩槻秀明・今井明子著/技術評論社

図03-02-03　2014年の台風19号の経路図

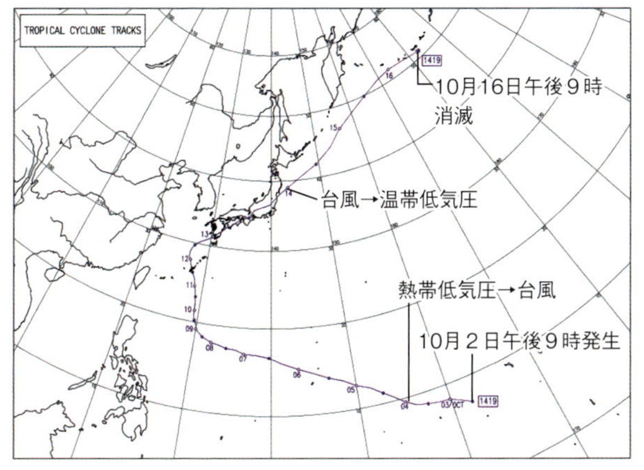

出典：気象庁資料に加筆

積乱雲：いわゆる入道雲、雷雲と呼ばれる雲。モクモクと空高くまで成長する雲で、ときには対流圏と成層圏の境目まで達することもある。大雨や突風、落雷などの激しい気象現象をもたらす。

台風がもたらす高潮の被害

さらに、台風がもたらす災害で特筆すべきなのが高潮です。台風が高潮をもたらす原因は2つあり、ひとつは「吹き寄せ効果」、もうひとつは「吸い上げ効果」と呼ばれています(図03-02-04)。

吹き寄せ効果とは、台風による強風で海水が海岸に吹き寄せられる現象です。吹き寄せによる海面上昇は風速の2乗に比例し、風速が2倍になれば海面上昇は4倍になります。そして、リアス式海岸など、湾が奥に向かって細くなるような地形だと、湾奥の海面水位はさらに上昇します。

そしてもうひとつの「吸い上げ効果」とは、台風によって気圧が下がることで、海面が持ち上げられる現象のことをいいます。1気圧は約1013hPaで、気圧が1hPa低ければ海面は約1cm上昇します。つまり、中心気圧が950hPaの台風が来れば、台風の中心付近の海面水位は約63cm上昇します。

台風が近づいて、台風による風が海から岸に向かって吹き、湾の形が奥に向かって細くなっていると、潮位は大幅に上昇します。これが満潮のタイミングになると、さらに潮位が上昇し、場合によっては防波堤を越えてしまうこともあるのです(図03-02-05)。

台風と地球温暖化

このように、台風はわたしたちに甚大な被害をもたらしますが、地球温暖化と台風との関係は、どうなのでしょうか。まず、台風の発生数に関しては、毎年の変動が大きく、地球温暖化によって台風の発生数が増えたとはいいがたい状況です。そして、将来は台風が日本に上陸する数は減っていくと考えられています。というのも、将来は海面水温と降水のパターンが変化して、台風の発生する場所が今よりも東の方にずれると予想されているからです。

しかし、一度できた台風はとても強くなり、強い勢力を保ったまま日本に上陸すると考えられます。気温が上がれば大気中の水蒸気量が増えますし、日本のすぐ近くにも台風のエネルギー源となる海面水温27℃以上の温かい海が存在するようになるからです。今後日本に上陸する台風は減るとはいえ、上陸するような台風はハイエンのようなスーパー台風の割合が増えてくるのかもしれません。それに伴い、高潮などの被害も大きくなることも予想されます。なお、世界的な台風の発生傾向は4章でくわしく説明します(P.150)。

図03-02-04　台風によって高潮が起こる仕組み

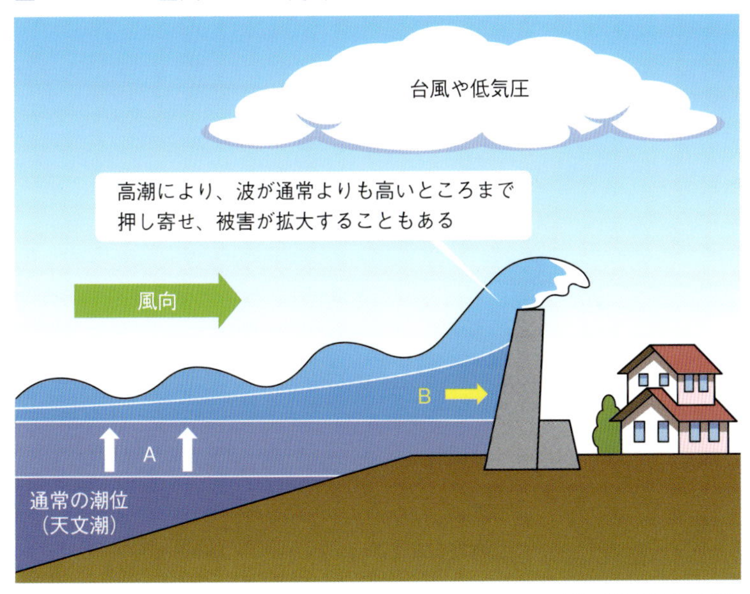

出典：気象庁HPを元に作成

A：気圧が1hPa下がると、潮位は約1cm上がる(**吸い上げ効果**)
B：風が海岸に向かって吹くと、風速の2乗に比例して潮位が上がる(**吹き寄せ効果**)

図03-02-05　台風による高潮

台風による高潮被害が大きくなるパターン

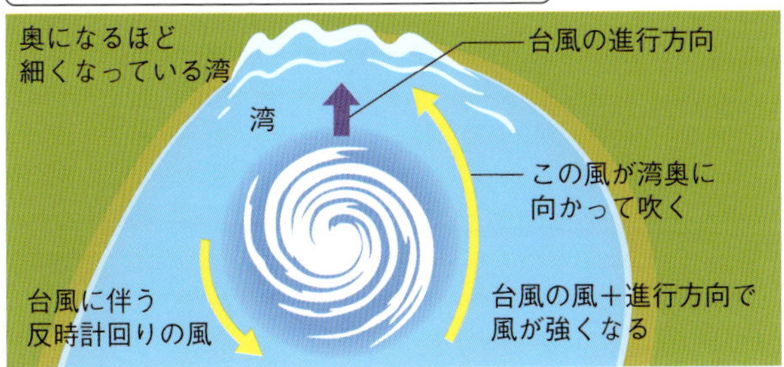

極端な気象現象②
爆弾低気圧

爆弾低気圧とは

わたしたちが普段「低気圧」と呼んでいる温帯低気圧の中には、台風並みに発達し、大雨や強風をもたらすことがあります。特に24時間で中心気圧が24hPa以上、すなわち1時間につき１hPa以上低下して急速に発達する低気圧は爆弾低気圧と定義されています(図03-03-01)。

爆弾低気圧の中でも代表的なものは、2012年４月３～５日に日本を通過したものでしょう。この低気圧の中心気圧は、２日21時の1006hPaから３日21時の964hPaへと、24時間に42hPaも下がり、西日本から北日本にかけて記録的な暴風をもたらしました。和歌山県和歌山市友ヶ島のアメダスでは、32.2m/sという台風並みの観測値を記録しましたし、前線の通過に伴い、局地的に非常に激しい雨も降りました。

もうひとつ、印象的な爆弾低気圧は、2013年３月１～６日に北海道を横断したものです。この低気圧によって、北海道や青森の24地点では３月の日最大風速が観測史上第一位を更新しました。特に印象に残っているのは暴風雪です。北海道では地吹雪によって視界が真っ白になり、車が立ち往生して車の中で一酸化炭素中毒になったり、車外に出た人が凍死したりするなどして、死者９名、負傷者８名の被害者が出ました。

中心気圧が急激に低くなり、強風をもたらす爆弾低気圧は、台風と同じように高波や高潮などの災害を引き起こす可能性も十分にあります。

このように台風並みの勢力を誇る爆弾低気圧ですが、台風とは発生メカニズムも構造も違います。台風は熱帯低気圧が発達したもので、熱帯で生まれ、天気図を見ると等圧線が同心円状に並び、前線を伴いません。一方、爆弾低気圧は温帯低気圧が発達したものなので、図03-03-02のように前線を伴うことが多いですし、等圧線も同心円状ではなく、ゆがんだ形をしています。

図03-03-01　2013年3月に北海道を横断した爆弾低気圧

写真提供：北海道新聞社

写真は2013年3月21日の北海道美唄市の国道12号の様子。爆弾低気圧による地吹雪で、渋滞は十数キロにも及んだ。

図03-03-02　爆弾低気圧の事例

左は2012年４月２日21時の天気図。下は2012年４月３日21時の天気図。24時間で急速に発達していることがわかる。

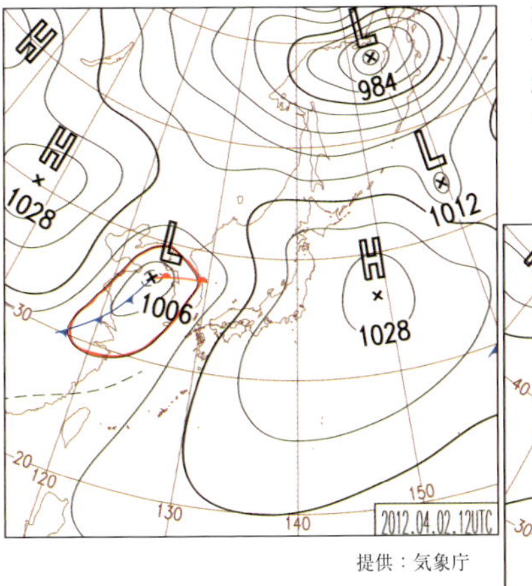

提供：気象庁

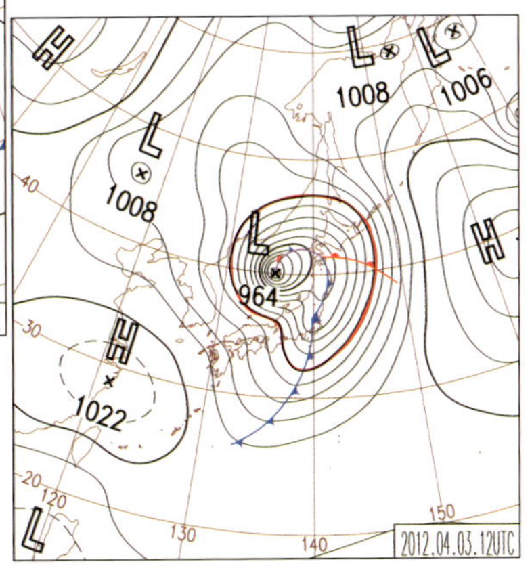

温帯低気圧の一生

　では、温帯低気圧とはどのようにしてできるのでしょうか(図03-03-03)。まず、温帯低気圧ができやすい場所は、北西太平洋東部と北大西洋東部です。つまり、ちょうど日本は温帯低気圧ができやすい場所に位置しています。

　温帯低気圧は、南北の気温差が大きくなると発生します。まずは暖気と寒気の間に停滞前線ができ、次第に渦を巻くようになって、温暖前線と寒冷前線ができます。

　低気圧が発達するにつれ、寒冷前線と温暖前線の間隔が狭くなっていきます。そして、寒冷前線が温暖前線に追いつくと、閉塞前線ができます。この状態になると、暖気と寒気が混ざるので、やがて温帯低気圧は衰退していきます。

温帯低気圧のもたらすもの

　温帯低気圧が通過するに従って、天気はころころと変わります。まず、温暖前線は、暖気が寒気の上をゆっくりと昇って行くときにできる前線です。温暖前線が近づくに従って、空に刷毛で絵を描いたようなすじ雲(巻雲)や太陽や月に暈ができるうす雲(巻層雲)、ひつじ雲(高積雲)などが次々と現れ、温暖前線上では乱層雲と呼ばれる雨雲などから雨が降ります(図03-03-04)。

　一方、寒冷前線は、寒気が暖気の下にもぐりこむことでできる前線です。寒冷前線上では急な上昇流が起こり、積乱雲ができて大雨や突風、落雷をもたらします。

　温暖前線と寒冷前線の間には暖気があり、寒冷前線の西側には寒気があります。温暖前線が通過すれば暖かい南寄りの風が吹いて気温が上がり、寒冷前線が通過すると、冷たくて乾燥した北寄りの風が吹いて気温が下がります。

　なお、温帯低気圧の中でも、発達して爆弾低気圧になるものと、そうでないものがあります。

　温帯低気圧が爆弾低気圧にまで発達しやすいのは、冬から春先にかけてです。これは、大陸の寒気が海に抜けるときに、海から大量の水蒸気をもらうことで発達するからです。

爆弾低気圧と地球温暖化

　では、爆弾低気圧は今後地球温暖化によって増えていくのでしょうか。実は、近年の爆弾低気圧の発生数を見ると、増加傾向にある

図03-03-03 温帯低気圧の一生

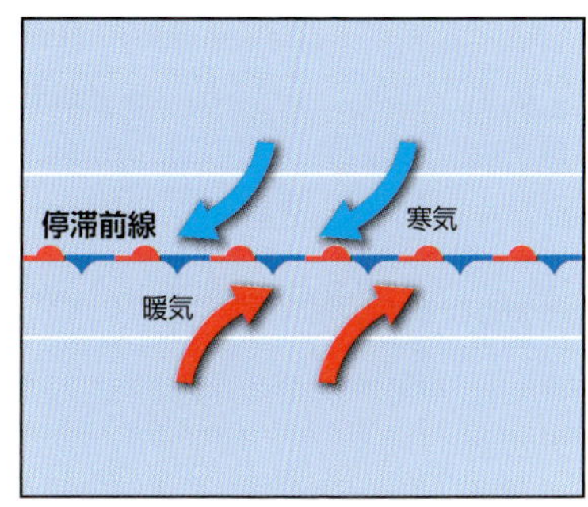

①暖気と寒気の境目に停滞前線ができる。

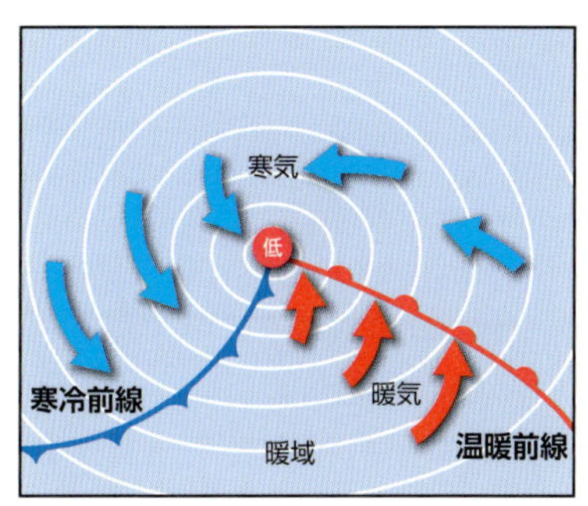

②暖気と寒気が互いに押し合い、空気が渦を巻いて温帯低気圧が発生する。温暖前線と寒冷前線もできる。

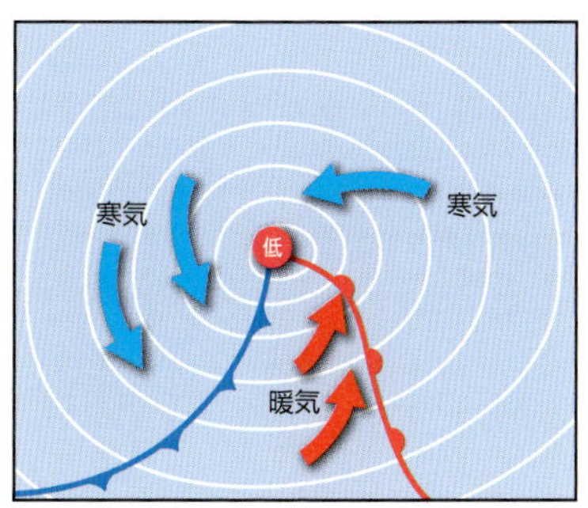

③中心気圧が下がり、低気圧が発達する。

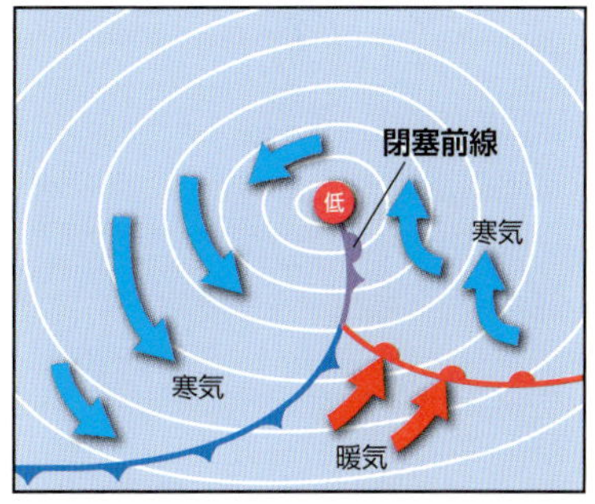

④寒冷前線が温暖前線に追いつくと閉塞前線ができる。このあと、温帯低気圧は衰退期に入る。

出典：『気象の図鑑』筆保弘徳・岩槻秀明・今井明子著/技術評論社

暈：太陽や月の周囲を取り囲む輪のこと。

とはいえず、台風と同じく、地球温暖化と発生数の相関関係があるとは今のところいえない状況です。しかし、将来は、温帯低気圧が日本を通過することは少なくなると考えられています。というのも、地球が温暖化すると、気温の高いところが高緯度側にシフトします。それに従って、低気圧も今より北で発生しやすくなるからです。とはいえ、ときおり起こる偏西風の大きな蛇行によって、日本付近でもたまには温帯低気圧が発生します。このときは、南北の気温差が大きくなっている状態なので、温帯低気圧は発達しやすくなります。つまり、数は減るものの、いったん日本付近で温帯低気圧ができると、爆弾低気圧化しやすくなるということです。

暴風雪：雪を伴った暴風のこと。
地吹雪：積もった雪が風で空中に巻き上げられる現象。

空を見上げて簡単にできる天気予報

天気に関することわざで、「太陽や月に暈（かさ）が出ていたら次の日は雨が降る」というものがあり、よく当たります。なぜ、当たるのでしょうか。それは、暈が出るときは、空に巻雲や巻層雲が出ているときだからです。巻雲や巻層雲は、温暖前線が近づくと空に現れます。ちょうど、前線の前方1000kmほどの場所に現れ、低気圧は1日で1000kmほど移動するため、暈が出た翌日あたりに温暖前線が通過し、雨が降るというわけなのです。

もうひとつ、雲を見て簡単にできる天気予報があります。それは、「飛行機雲ができると天気が崩れやすい」というもの。飛行機の排気ガスには、エアロゾルと暖かい水蒸気がふくまれています。飛行機の周囲の空気の湿度が高いと、排気ガスの水蒸気が加わることで、周囲の空気はこれ以上水蒸気をふくむことができなくなります。すると、排気ガスのエアロゾルを核にして、水蒸気が凝結して雲ができるのです。もし、周囲の空気の湿度が低ければ、多少排気ガスが排出されても、空気は飽和しません。空気中の湿度が高いということは、低気圧が近づいている証拠です。だから、飛行機雲ができると天気が崩れやすくなるのです。

図03-03-04　前線に伴ってできる雲

前線に伴ってできる雲は10種類に分かれる。上層の雲の名前には「巻」がつき、中層の雲には「高」がつく。また、「積」のつく雲はモコモコと立体的な形をしており、「層」は薄く広がる雲につけられる。

写真提供：岩槻秀明

極端な気象現象③
災害をもたらす豪雨

気象災害をもたらす大雨

最近では、豪雨による気象災害がニュースを賑わしています。豪雨のときの大きな雨粒の落下速度は、５～10m/s。時速に換算すると18～26km/hと、原付並みの速さなので、豪雨が降ると非常に圧迫感があるものです。

大雨は大きく「集中豪雨」と「局地的大雨」の２つに分かれます。

まず、集中豪雨は、梅雨前線や秋雨前線などの停滞前線に伴って降ることの多い豪雨です。大雨が数時間にわたって数十kmの狭い範囲で降り続き、ときには、積算の雨量が100㎜～数百㎜にまで達します。

そしてもうひとつの「局地的大雨」は、数十分の短時間に、狭い範囲で数十㎜程度の雨をもたらします。いわば強い夕立のようなものです。

最近では、局地的大雨はマスコミの報道で「ゲリラ豪雨」とも呼ばれるようになりました。ゲリラという言葉には「奇襲」「不意打ち」というニュアンスがあり、確かに急な大雨は奇襲のようですから、いいえて妙な表現ではあります。しかし、ゲリラ豪雨という言葉は実は正しい予報用語ではありません。確かに、局地的大雨は短時間で発生し、雨の降る範囲も狭いため、予想は難しいのですが、決して予想が不可能なわけではないのです。気象庁のホームページにある「高解像度降水ナウキャスト」を見れば、今どこで大雨が降っており、その大雨を降らす雲は今後どこへ移動するかがだいたいわかります(図03-04-01)。

積乱雲の一生

集中豪雨や局地的大雨をもたらす原因は、積乱雲です。温暖前線にできる乱層雲は、広範囲でしとしとと静かに雨を降らせる雲なのに対し、寒冷前線や台風を構成する積乱雲は、狭い範囲で短時間に強い雨を降らせます。

積乱雲は、強い上昇流があると発生します(図03-04-02)。地上の

図03-04-01　高解像度降水ナウキャスト

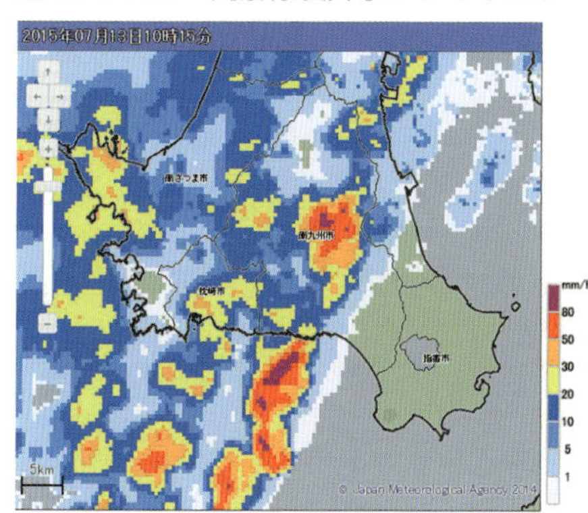

出典：気象庁HP

気象レーダーの観測データを利用して、陸上と海岸近くの海上では250m四方の正方形によって表現された降水の短時間予報。この画像は2015年7月13日10時15分の実況で、同じページで1時間先までの降水分布の予想画像も確認することができる。

図03-04-02　積乱雲の構造

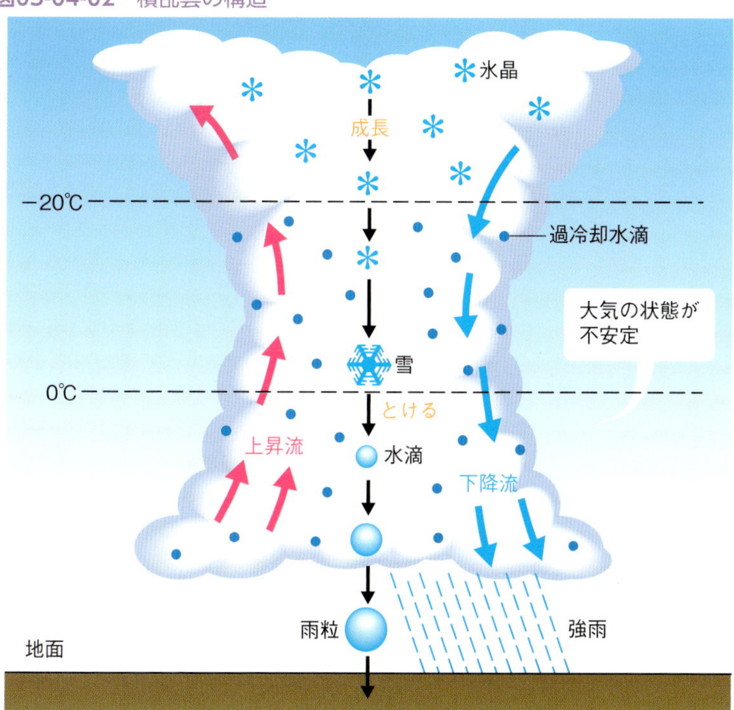

出典：『地学図表』浜島書店を元に作成

地上で強い上昇流が起こると、上空で空気中の水蒸気が氷晶になる。この氷晶が成長し、落下する途中で融けると雨粒になる。雨粒が落下する際に下降流が発生する。

気温が高いのに、上空の空気は冷たいと対流が発生して地上の空気が上空に向かって移動します。これが上昇流です。天気予報でよく「大気の状態が不安定」というフレーズを聞きますが、このフレーズは「上昇流が発生して積乱雲ができやすい状態」という意味です。

強い上昇流は、成層圏には行けないため、対流圏と成層圏の境目である圏界面で頭打ちとなります。積乱雲も、圏界面に達した後は横に広がります。これが、かなとこ(鍛冶や金属加工を行うときに使う作業台のこと)のように見えるため、発達した積乱雲のことを「かなとこ雲」ともいいます。

上昇流が発生すると、空気が冷えて、空気中にあまり水蒸気をふくむことができなくなります。圏界面の気温は氷点下になるため、水蒸気は氷晶になります。氷晶が周囲の水蒸気や水滴を取り込んで雪の結晶やあられになり、それが落下する途中で融けると雨粒になります。

積乱雲の中は、最初は強い上昇流で構成されているのですが、氷晶ができて成長すると、上昇流に逆らって落下しようとします。このとき、周囲の空気も一緒に引きずり落とすので、下降流が発生します。こうして下降流が上昇流よりも強くなると、積乱雲は成長できずに衰弱して消滅します。

局地的大雨は、ひとつの積乱雲から起こる気象現象なので、積乱雲の寿命が尽きる1時間程度で雨がやむのです。

積乱雲のタイプ

それでは、何時間も続く集中豪雨はどのような仕組みで起こるのでしょうか。

集中豪雨が発生するのは、積乱雲が生き物のように自己増殖を繰り返して集団化し、寿命を延ばすからです(図03-04-03)。積乱雲から雨が降っているとき、一部の雨粒は蒸発します。水は蒸発するときに、周囲から熱を奪います。すると、積乱雲の下には冷気がたまっていきます。この冷気が広がると、周囲の暖かく湿った空気とぶつかります。そして、冷気の上に暖かく湿った空気が乗りあげて上昇流が発生し、新たな積乱雲ができるのです。

このように、集中豪雨は積乱雲が自己増殖を繰り返して寿命が長くなることで起こります。特に、システマティックに自己増殖を繰り返す積乱雲の集団は「マルチセ

図03-04-03　積乱雲の自己増殖

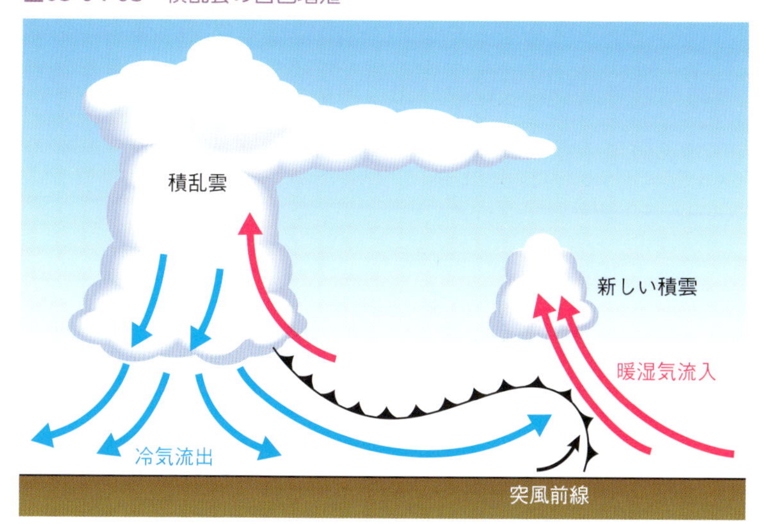

出典：『ローカル気象学』東京大学出版会を元に作成

積乱雲からの冷たい下降流と、積乱雲に向かって吹く暖かく湿った風がぶつかると、ぶつかったところで上昇流が発生し、あらたな積乱雲ができる。

図03-04-04　地下街に流れ込む大雨

写真提供：国土交通省九州地方整備局

都市部に局地的大雨が降ると、溢れた水が地下街などに流れ込むことも。

ル型ストーム」と呼ばれています。さらに、「スーパーセル型ストーム」と呼ばれる30〜50km四方の積乱雲が発生することもあります。通常の積乱雲は、10km四方の大きさなので、スーパーセルは巨大な積乱雲です。

スーパーセルは、大気の状態が非常に不安定で、地上と上空の風向、風速が大きく違うときに発生します。スーパーセルの雲の中では約50m/s、すなわち時速180km程度の特急電車並みの強い上昇流が起こっています。上昇流があまりにも強いため、上昇流域では雲を構成する氷の粒がなかなかできず、水蒸気が上空に達してからようやく氷の粒ができます。そのため、スーパーセルの上昇流域のレーダー画像を見ると、一見雨が弱く降っているように見えるのが特徴です(図03-04-05)。

スーパーセルはひとつの大きな積乱雲の中で、上昇流と下降流のできる場所が分かれています(図03-04-06)。つまり、下降流ができても上昇流を弱めることにつながらず、積乱雲の寿命は長くなって数時間もの間大雨を降らせます。なお、スーパーセルは現在、日本ではほとんど発生しません。主に発生する場所は、北米大陸です。

バックビルディング現象とは

集中豪雨を引き起こす積乱雲は、さまざまな方法で集団化していくのですが、日本の集中豪雨でよくみられる集団化のパターンが「バックビルディング型」と呼ばれるものです(図03-04-07)。

これは、停滞前線でよく起こる現象です。前線に南西からの風と北寄りの風が吹き込むと、前線付近で風がぶつかります。これを収束といいます。風が収束すると上昇流が発生し、積乱雲ができます。そして、その積乱雲が上空の風に流されて風下側へ移動します。

一方、地上付近では風上側であらたな積乱雲が次々と生まれます。すると、結果として積乱雲が列をなして並ぶようになるのです。これが、同じところで大雨が続く原因となります。

なお、バックビルディング現象については、「ビルが立ち並ぶように積乱雲が並んでいる現象」と認識されていることもあるのですが、これは誤りです。

図03-04-05　スーパーセルのレーダー画像

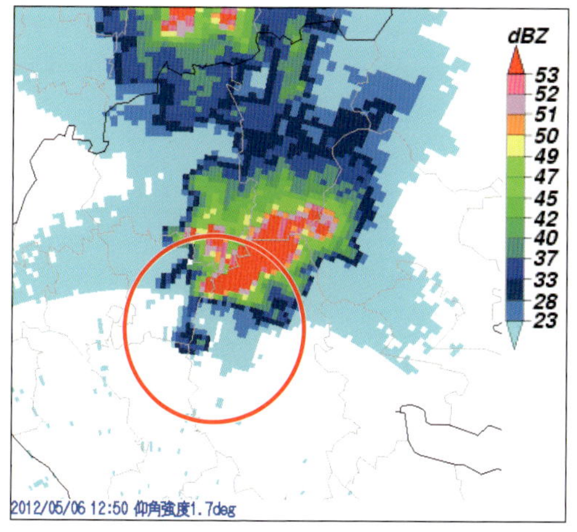

2012年5月に茨城県で発生したスーパーセルのレーダー画像。赤丸で囲んだ箇所の真ん中は、スーパーセルの中で強い上昇流が起こっている箇所で、一見雨が弱く降っているように見える。この、フックのような形をした「フックエコー」と呼ばれるレーダー画像が現れるのが、スーパーセルの特徴となる。

出典：気象庁提供の資料に加筆

図03-04-06　スーパーセルの構造

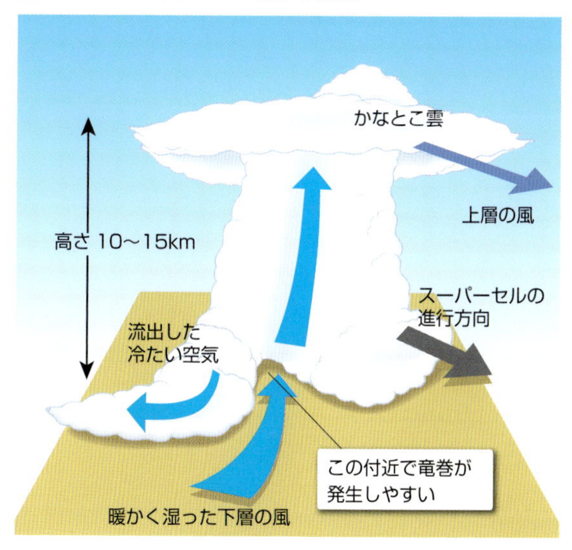

出典：『気象の図鑑』筆保弘徳・岩槻秀明・今井明子著/技術評論社

スーパーセルは、大気の状態が非常に不安定で、地上と上空の風向・風速が大きく違う場合にできる。ひとつの積乱雲の中で上昇流と下降流が共存しているため、雲の寿命が長い。

積乱雲のもたらすもの

積乱雲によって大雨がもたらされると、河川の増水や氾濫、浸水を引き起こします。小さな河川であっても、上流で大雨が降っていると、あっという間に増水してしまうので注意が必要です。たとえば、2008年に起こった、神戸市を流れる都賀川の水難事故では、上流の大雨により下流が10分間で1.3mも増水し、水遊びをしていた児童が5名もなくなるという痛ましい事故になりました(図03-04-08)。

また、土壌に大雨がしみ込むと、土壌が柔らかくなり、がけ崩れや土石流、地滑りなどの土砂災害も発生します。たまに、雨がやんでも大雨警報が出たままのことがありますね。これは、土壌中の水分が、土砂災害を起こす危険のある量までたまっているからです。

都市ではマンホールの蓋が開いて中から水が噴き出したり、地下街に水が流れ込んだりもします。コンクリートで固められた都市型河川の排水口よりも川の水位が上がれば、排水口から川の水が逆流し、川が氾濫します。高架下をくぐるように通るアンダーパスと呼ばれる道路にも要注意です。大雨によって冠水したところにうっかり車で侵入すると、水圧でドアが開かず、水が引くまで脱出することができません。

そのほか、積乱雲は落雷や竜巻などの突風、雹(ひょう)による被害ももたらします。雹は雲の中にある氷晶が5㎜以上の大きさに成長したものです。通常なら、氷晶は成長すればすぐに落下するのですが、雹の場合は積乱雲の中の上昇流が強いため、落下と上昇を繰り返して雲の中に長時間とどまり、大きく成長することができるのです。雹は、ときには直径数センチにも成長し、落下した雹が当たればケガをすることもあります。また、落下することで、植物や車、建物などに穴を開けることもあるのです。

地球温暖化が進むと、大気中にふくむことのできる水蒸気が増えるため、強い雨をもたらす積乱雲ができやすくなります。豪雨や突風、雹などによる災害も増えていくことになるでしょう。

図03-04-07　バックビルディング現象の仕組み

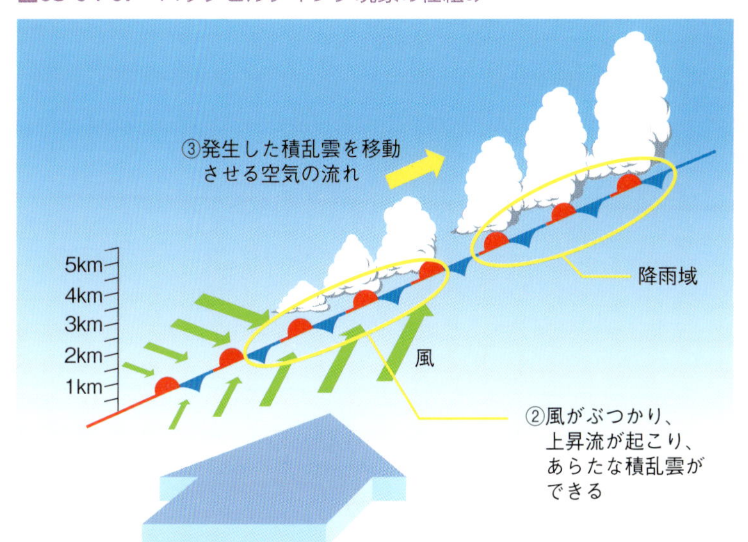

出典：『日本の天気　その多様性とメカニズム』小倉義光/東京大学出版会を元に作成

図03-04-08　2008年7月28日に神戸市の都賀川を襲った局地的大雨

神戸市の市街地を流れる都賀川は、上流が二股に分かれており、下流で合流する形になっている。上流に大雨が降り、増水した2つの川が合流したことで、下流の急な増水につながった。

写真提供：神戸市

極端な気象現象④
巨大竜巻

積乱雲がもたらす竜巻

最近では竜巻による被害もよく報道されるようになりました。竜巻は、積乱雲から発生する気象現象です。天気予報でよく聞く「大気の状態が不安定なので、大雨や落雷、突風に注意してください」というフレーズの中にある「突風」のうちのひとつが竜巻なのです。

竜巻の特徴といえば、積乱雲の底から地上に伸びる、漏斗(ろうと)状の雲です。竜巻による風は非常に強く、最も弱いものでも17m/sの台風並みの風速があります。強いものでは142m/s、すなわち時速500kmを超え、住宅や自動車が吹き飛ばされてしまうほどです。

竜巻の被害範囲は非常に狭く、竜巻の通った跡は線状に被害が現れます(図03-05-01)。竜巻で壊れた家屋の隣の建物は無傷ということもめずらしくありません。あっという間に現れ、長くても十数分しか存在しないため、家屋や樹木などの被害状況を見て「竜巻が発生した」と判断しています。

竜巻には二種類ある

竜巻は積乱雲からできるのですが、でき方は2通りあり、スーパーセルから生み出されるスーパーセル型と、そうではない非スーパーセル型に分かれます。特にスーパーセル型の竜巻は強いものが多く、巨大竜巻と呼ばれて恐れられています。

スーパーセルは、渦だらけの巨大積乱雲です(図03-05-02)。雲の中では激しい回転が行われており、実に竜巻のできやすい環境になっています。スーパーセルができるのは、下層と上層の風向と風速が違うときです。通常、このような状態のときは積乱雲ができにくいのですが、できにくい状況に打ち勝つほど強い上昇流が起こっていると、スーパーセルができるのです。

大気の上層と下層で風向と風速が大きく違うと、地上付近に鉛直方向の渦巻ができやすくなります。この渦巻が、時速180km近くにもなる強い上昇流によって立ち上

図03-05-01　竜巻の経路

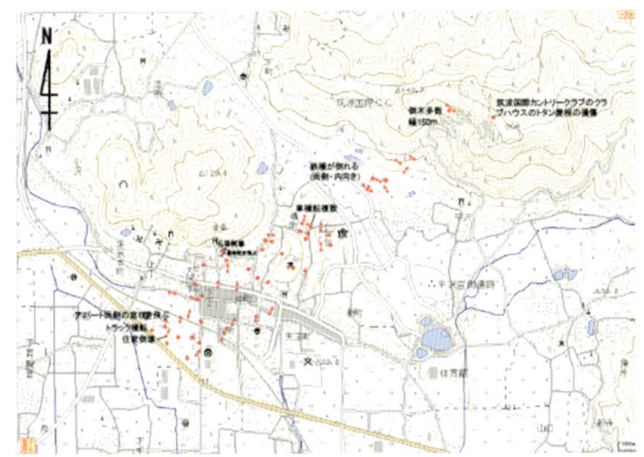

2012年5月に茨城県を襲った竜巻による、北条地区～平沢地区の被害発生図。赤印は被害が発生した地点を表し、竜巻が線状に進んだことがわかる。被害の範囲は17kmにも及んだ。

出典：気象庁

図03-05-02　スーパーセル型竜巻ができる仕組み

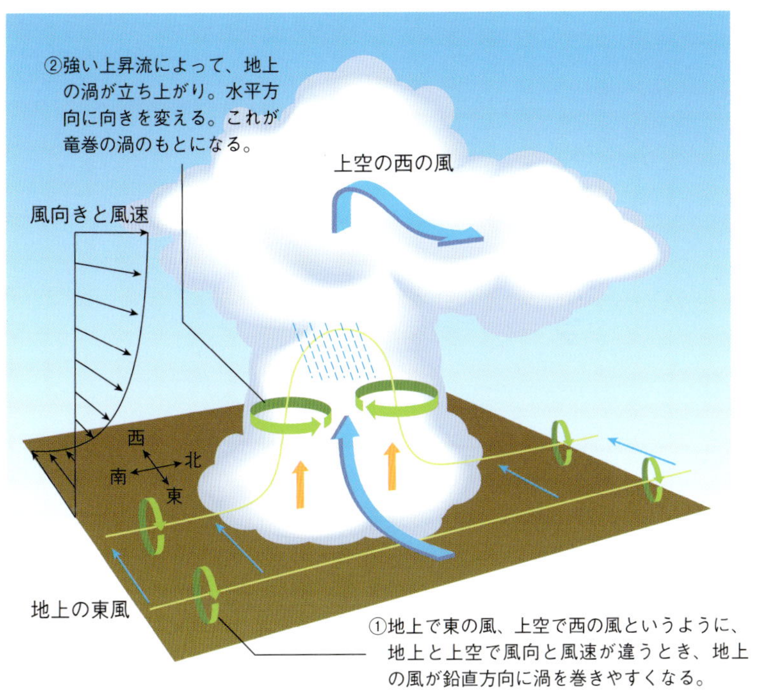
②強い上昇流によって、地上の渦が立ち上がり。水平方向に向きを変える。これが竜巻の渦のもとになる。
上空の西の風
風向きと風速
西
北
南
東
地上の東風
①地上で東の風、上空で西の風というように、地上と上空で風向と風速が違うとき、地上の風が鉛直方向に渦を巻きやすくなる。

出典：Klemp 1987, cf. Rotunno(1981)を元に作成

がります。これが竜巻の渦のもとになるのです。

日本に多い非スーパーセル型竜巻

一方、非スーパーセル型の竜巻は、前線のあるところによくできます(図03-05-03)。スーパーセル型は大気上層と下層で風向と風速が違う風が吹くとできますが、非スーパーセル型の竜巻は地上付近で風向と風速が違う風が吹くときに発生します。

二方向からの風がぶつかる収束帯と呼ばれる場所では、上昇流が生まれ、積乱雲ができます。この収束帯で、風がすれ違うと渦巻ができやすくなるのです。

そして、渦巻の上にたまたま積乱雲が発達すると、その積乱雲が渦を上空に引き伸ばします。すると、渦の半径が小さくなり、渦を巻くスピードが強くなるのです。ちょうど、フィギュアスケートの選手がスピンをするときに、手足を縮めるとスピンの回転が速くなるのをイメージするとわかりやすいかもしれません。

非スーパーセル型の竜巻は、竜巻が同時に発生して一列に並ぶのが特徴です。

日本の竜巻の傾向

日本でよく竜巻が発生する場所を見てみると、平野部に集中していることがわかります(図03-05-04)。また、日本の竜巻は、主に台風のシーズンに多く発生します。これは、台風が積乱雲の集合体であり、積乱雲から竜巻が発生するためです。一方、日本海側では冬に竜巻が発生しやすい傾向にあります、これは、冬に日本海側に大雪を降らせる積乱雲が竜巻を発生させるからです。

アメリカで発生する竜巻はスーパーセル型が多いのに対し、日本の竜巻は非スーパーセル型のものがほとんどです。これは、日本ではスーパーセルができるような強い上昇流が起こりにくいからです。

一方、アメリカでは、大陸の内陸部に半乾燥地帯の広大な草原があります。草原は太陽の熱で地面が熱くなりやすいのですが、そこの上空が寒いと、非常に強い上昇流が発生し、スーパーセルが発生しやすくなるのです。児童文学の『オズの魔法使い』の冒頭で竜巻によって家が飛ばされるシーンがありますが、この物語の舞台となったのもアメリカ中部の草原地帯にあるカンザスシティーでしたね。

図03-05-03　非スーパーセル型竜巻のできる仕組み

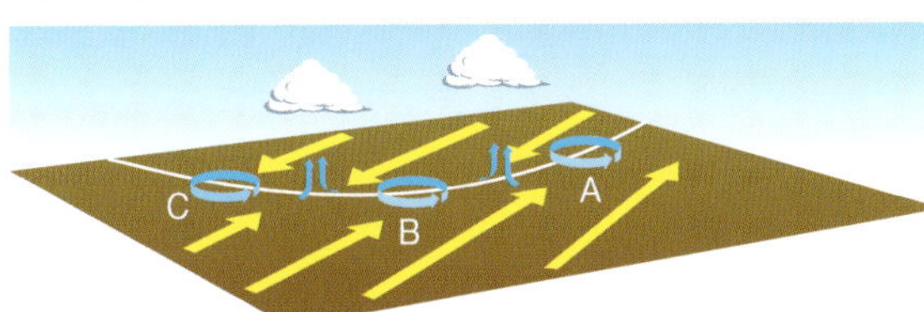

①地上の風がすれ違うようにぶつかると、水平方向に渦ができる

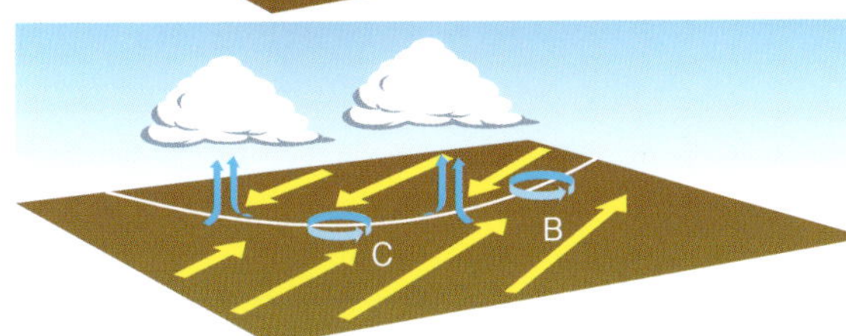

②渦の上にたまたま雲が発達すると、渦が上空へ引き伸ばされる

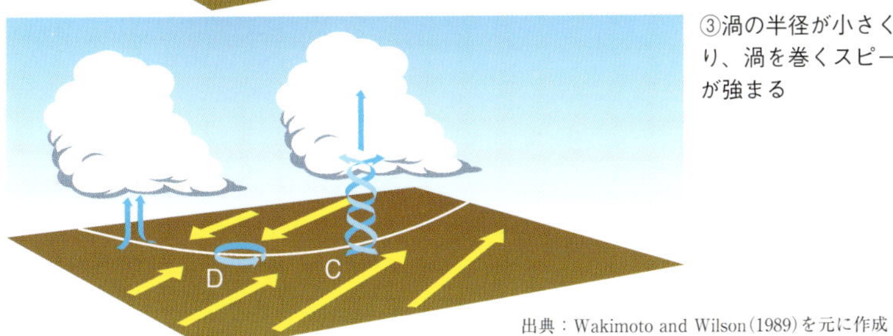

③渦の半径が小さくなり、渦を巻くスピードが強まる

出典：Wakimoto and Wilson(1989)を元に作成

図03-05-04　竜巻分布図

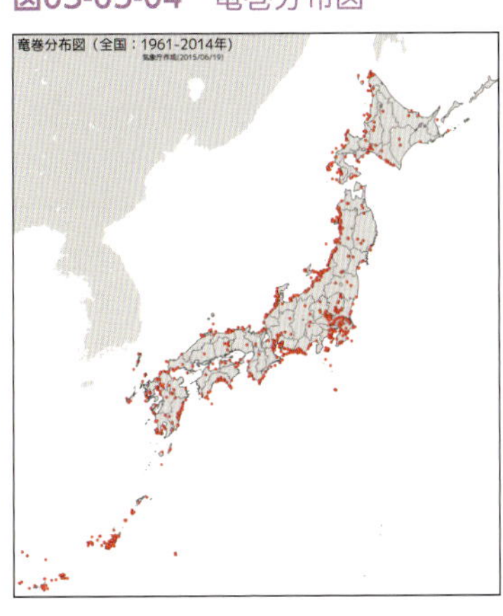

日本の竜巻の分布は、沿岸部・平野部に集中している。太平洋側では夏期に、日本海側では冬期に発生しやすい。

出典：気象庁HP

しかし、日本でもたまにスーパーセル型の竜巻が発生します。2012年の5月6日に茨城県つくば市・常総市で発生し、トラックを横転させたり住宅を損壊させたりした竜巻は、スーパーセル型の竜巻でした(図03-05-05)。

竜巻の強さを示す指標は藤田スケールと呼ばれ、強さをF0〜F5にランク分けしているのですが、日本で観測された最も強い竜巻は、このつくば市のスーパーセル型の竜巻などで、強さはF3です(表03-05-01)。一方、アメリカではF4、F5の巨大竜巻も発生しています。

竜巻の年間発生数で日本とアメリカをくらべてみると、アメリカでは、竜巻の年間発生数は800〜1200個なのに対し、日本では15個程度です。アメリカにくらべて、日本は竜巻の発生数が圧倒的に少ないと感じるかもしれませんが、アメリカと日本では国土の広さも違います。100kmあたりの年間発生数をくらべてみると、アメリカでは約1個であるのに対し、日本では約0.4個となります。アメリカとくらべて、日本の発生数は無視できるほど少ないというわけではないのです。

地球温暖化と竜巻の関係

それでは、気候変動によって竜巻はどう変化しているのでしょうか。気象庁が調べた竜巻の年別発生確認数のデータによると、なんとなく近年のほうが発生数が増えていそうに見えるのですが、必ずしも竜巻の発生数そのものが増えたわけではありません。竜巻に対する一般人の認知度が上がり、携帯電話のカメラなどで漏斗(ろうと)雲や被害跡を一般人が撮影して報告する件数が増えたため、竜巻として確認される数が増えたのも一因だからです。強い竜巻が増えているかどうかもわかりません。強い竜巻になるほど発生頻度が少ないため、強い竜巻が増えているかどうかの統計がとりにくいからです。

とはいえ、将来竜巻はどのようになるのかをシミュレーションしてみたところ、一度積乱雲ができると、竜巻を発生させるだけの強いものになりやすく、スーパーセルもできやすくなるという結果が出ています。よって、今後は巨大竜巻ができやすくなるのではないかと考えられています。

表03-05-01　竜巻の強さ（藤田スケール）

F0	17～32m/s（約15秒間の平均）	テレビのアンテナなどの弱い構造物が倒れる。小枝が折れ、根の浅い木が傾くことがある。非住家が壊れるかもしれない。
F1	33～49m/s（約10秒間の平均）	屋根瓦が飛び、ガラス窓が割れる。ビニールハウスの被害甚大。根の弱い木は倒れ、強い木は幹が折れたりする。走っている自動車が横風を受けると、道から吹き落とされる。
F2	50～69m/s（約7秒間の平均）	住家の屋根がはぎとられ、弱い非住家は倒壊する。大木が倒れたり、ねじ切られる。自動車が道から吹き飛ばされ、汽車が脱線することがある。
F3	70～92m/s（約5秒間の平均）	壁が押し倒され住家が倒壊する。非住家はバラバラになって飛散し、鉄骨づくりでもつぶれる。汽車は転覆し、自動車はもち上げられて飛ばされる。森林の大木でも、大半折れるか倒れるかし、引き抜かれることもある。
F4	93～116m/s（約4秒間の平均）	住家がバラバラになって辺りに飛散し、弱い非住家は跡形なく吹き飛ばされてしまう。鉄骨づくりでもペシャンコ。列車が吹き飛ばされ、自動車は何十メートルも空中飛行する。1トン以上ある物体が降ってきて、危険この上もない。
F5	117～142m/s（約3秒間の平均）	住家は跡形もなく吹き飛ばされるし、立木の皮がはぎとられてしまったりする。自動車、列車などがもち上げられて飛行し、とんでもないところまで飛ばされる。数トンもある物体がどこからともなく降ってくる。

出典：気象庁HPを元に作成

図03-05-05　2012年5月につくばを襲った竜巻の被害

2012年5月6日午後0:50頃、竜巻によって被害を受けたつくば市北条の様子。転倒した車両やはがれ落ちた柵などから、被害の大きさがよくわかる。　写真提供：気象庁

用語解説

藤田スケール(Fスケール)：竜巻などの突風により発生した被害の状況から、風速を大まかに推定する指標。シカゴ大学の藤田哲也博士によって1971年に考案された。Fの値が大きいほど被害が大きいことを示し、風速が大きかったことを示す。

極端な気象現象⑤
猛暑

猛暑を引き起こすヒートアイランド

第1章ですでにお伝えしたとおり、世界の平均気温は年々上昇しており、平均気温は1891年以降100年あたり0.68℃の割合で上昇しています。日本でも平均気温は1898年以降100年あたりで1.15℃の割合で上昇しています。これに伴い、猛暑日は1931～2012年の変化傾向を見ると10年あたり0.2日、熱帯夜は10年あたり1.14日の割合で増加し、冬日は10年あたり2.2日の割合で減少しています。

これは、地球温暖化だけが原因なのではなく、ほかの要素も絡んでいます。そのうちのひとつが、都市部で起こるヒートアイランド現象です。特に熱帯夜は地球温暖化よりもヒートアイランド現象のほうが強く影響していると考えられています。

ヒートアイランドとは、英語で「熱の島」という意味。その名のとおり都市部周辺に気温の高い領域が島のような形で現れる現象のことをいいます(図03-06-01)。

ヒートアイランドの原因は、都市化です(図03-06-02)。真夏にアスファルトをさわってみると、鉄板のように熱くなっているものです。しかし、隣の植え込みの中の土をさわっても、アスファルトほどは熱くありません。

草や樹木は日陰を作りますし、土には水分がふくまれているため、水分が蒸発するときに周囲から熱を奪って気温を下げる働きをするからです。しかし、アスファルトにふくまれる水分は少ないため、太陽からの熱ですぐに暑くなり、地上付近の空気も高温になるのです。

アスファルトだけでなく、ビルなどの建物も、ヒートアイランドの原因となります。建物は太陽の直射光と、地面で反射された光と、地面から放出される赤外線を昼間に吸収し、夜間に吸収した熱を放出します。そして、ビルが立ち並ぶことで、風通しが悪くなり、地表付近にこもった熱が逃げにくくなります。さらに、都会ではビル

図03-06-01　関東地方の気温と風の分布図

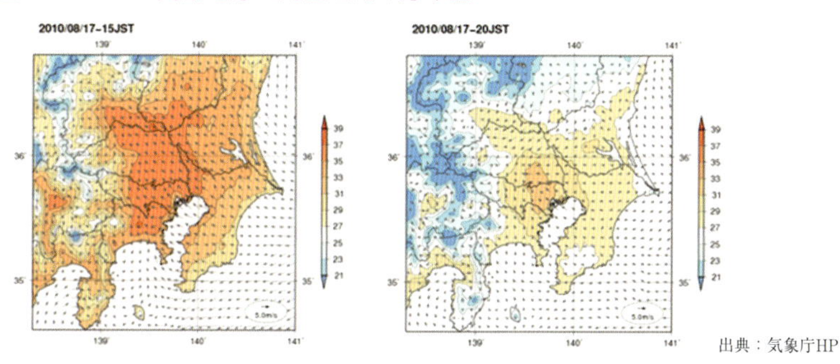

出典：気象庁HP

左は2010年8月17日15時、右は2010年8月17日20時の図。15時では、関東平野の西部に高温域が広く分布している。20時では都心を中心に島ような形で高温域が分布している。

図03-06-02　ヒートアイランドの仕組み

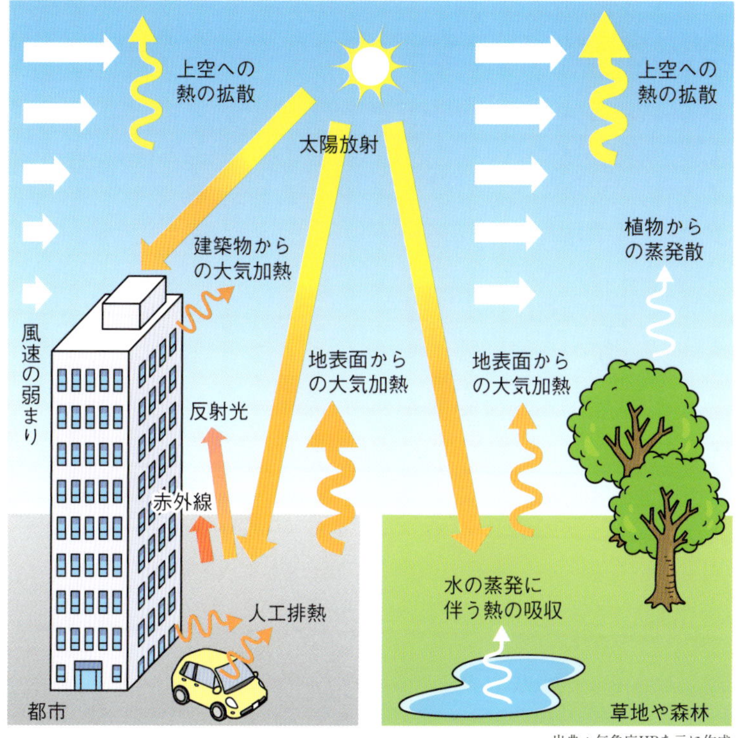

出典：気象庁HPを元に作成

の室外機や車などから熱が排出され、これも空気を暖めます。ヒートアイランドというと、何となく夏の昼間に起こる現象のように思われますが、どちらかというと夜間の現象であり、特に冬のほうが顕著です。東京などの大都市では、冬の最低気温の変化率は、100年あたり6℃も上昇しています。

フェーン現象にも注目

気温が35℃を超えると猛暑日と呼ばれますが、中には最高気温が40℃近くになることもあります。このような高温の記録には、フェーン現象が絡んでいることも多いです。

フェーン現象とは、台風や温帯低気圧などによってもたらされた湿った空気が山を越えると、暖かく乾燥した空気となって山から吹き降りてくる現象のことをいいます(図03-06-03)。フェーン現象は気温が大幅に上がるだけでなく、空気が乾燥するため山火事を引き起こす原因にもなります。

なぜ、山を越えると気温が上がるのでしょうか。これは、山の上が涼しいのと関係があります。空気は上昇すると気温が下がり、下降すると気温が上がる性質があるのですが、この気温変化の比率が、湿った空気と乾いた空気とでは違うからです。乾いた空気は、100m上昇するごとに約1℃ずつ気温が下がるのに対し、湿った空気が上昇すると、100m上昇するごとに約0.5℃ずつしか気温が下がりません。これは、水蒸気があると、水蒸気が冷えて凝結するときに周囲に熱を放出するため、気温変化がゆるやかになるからです。

まず、湿った空気が上昇し、100mにつき約0.5℃ずつ気温が下がります。そして、湿った空気は雲を作って山の上で雨を降らせ、空気中の水蒸気量を減らします。こうして空気が乾燥すると、湿った空気よりも気温の変化率が大きくなります。乾いた空気が山を下れば、100mにつき約1℃ずつ気温を上げて麓にまで到達します。すると、元の空気よりも大幅に気温が上昇するのです。

このように、日本の猛暑は地球温暖化だけではなく、フェーン現象や都市化によるヒートアイランド現象が絡んでいることがあります。都市部では、ヒートアイランド現象をなるべく和らげるため、道路に打ち水をしたり、ビルの屋上を緑化したりするなどの対策をとる動きが広がっています。

図03-06-03　フェーン現象の仕組み

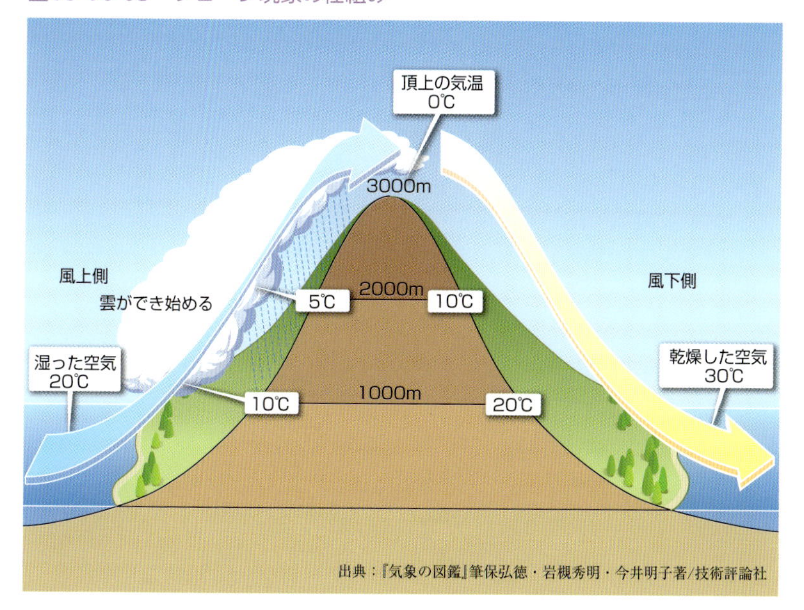

出典：『気象の図鑑』筆保弘徳・岩槻秀明・今井明子著/技術評論社

図03-06-04　埼玉県熊谷(くまがや)市の夏の気温が高くなる仕組み

埼玉県北部にある熊谷市は、夏の暑さが全国でも指折りの都市で、2007年には40.9℃を記録したこともある。

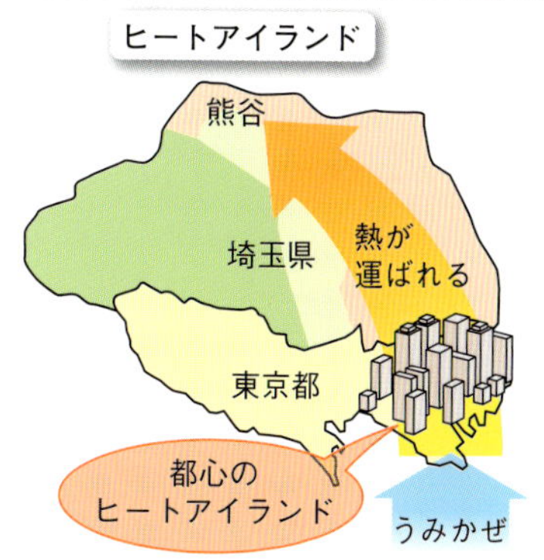

東京都心でヒートアイランド現象によって暖められた空気が南風によって熊谷に運ばれる。

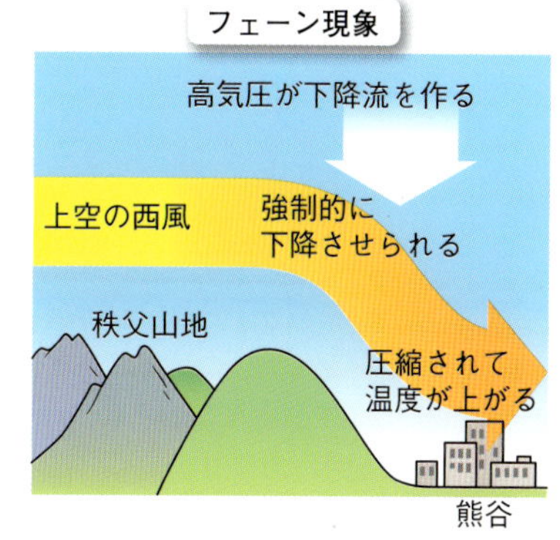

上空の西風が秩父の山を越えたあと、夏の太平洋高気圧によって強制的に下降せざるを得ず、吹きおりる際に気温が上がるフェーン現象が起こる。

出典：熊谷地方気象台HPを元に作成

極端な気象現象⑥
大雪と寒波

冬の季節風をもたらすシベリア高気圧

日本よりも寒い国はほかにもあるのにもかかわらず、日本は世界屈指の豪雪地帯です。これは、シベリアの寒気が原因です。

冬になると、シベリアの付近は－30℃以下にもなる非常に冷たくて乾燥した空気が蓄積されます。冷たい空気は重いため、シベリア付近には高気圧ができます。このとき、日本の太平洋側に低気圧があると、「西高東低型」の気圧配置になり、シベリアの高気圧から寒気が日本に向かって吹き出します。これが、冬の北西季節風となります(図03-07-01a)。

北西季節風は、日本海の海上を通ります。日本海の海水面は冬でも５～10℃で、約－30℃の寒気からすると温かいお風呂のような存在です。すると、日本海を通ることで季節風に海から水蒸気が供給され、乾燥した空気が湿った空気に変質します。これを「気団変質」といいます。このとき、日本海上ではたくさんの「筋状の雲」が確認できます。

気団変質した寒気が、日本アルプスなどの、日本列島の中心を走る山脈にぶつかると、強制的に上昇せざるを得ず、雪雲はさらに発達します。これが日本海側に雪を降らせるのです。この積雪のメカニズムは「山雪型」と呼ばれ、主に山で大雪を降らせます(図03-07-02)。

西高東低の気圧配置による山雪型の積雪パターンのときは、日本海側の沿岸部では雪は降るものの、めったに大雪にはなりません(図03-07-01-a)。むしろ、西高東低の気圧配置がゆるみ、等圧線の間隔が広くなったときに大雪が降ります(図03-07-01-b)。これは「里雪型」の降雪パターンと呼びます(図03-07-02)。

太平洋側の大雪パターン

西高東低の気圧配置のとき、太平洋側では雪は降りません。日本海側に雪を降らせた季節風は、日本の中央にある山脈を越えると

「空っ風」と呼ばれる乾燥した風となって太平洋側に吹き降ろすからです。

しかし、太平洋側でも年に数回は雪が降ります。これは、日本の南の海上を通過する「南岸低気圧」の仕業です。冬型の気圧配置が緩むと、低気圧が日本の南の海上を通過します(図03-07-01-c)。太平洋側の雪は、12月よりも2月に多いのはそのせいです。

ところで、太平洋側の雪の予報が外れることが多いのはなぜでしょうか。これは、南岸低気圧によって雨が降るか雪が降るかはさまざまな要因が複雑に絡み合った上で決まるからです。

まず、南岸低気圧と陸地との距離によって天気が違ってきます。陸地から近ければ雨が降り、少し遠くなると雪が降り、遠く離れると陸地では何も降りません。

ほかにも、上空の寒気が何℃でどこまで南下しているのかということや、低気圧の発達具合と移動速度、大気下層の湿度や風向きなど、さまざまな要因によって雨か雪かが決まるのです。

図03-07-01　雪をもたらす気圧配置

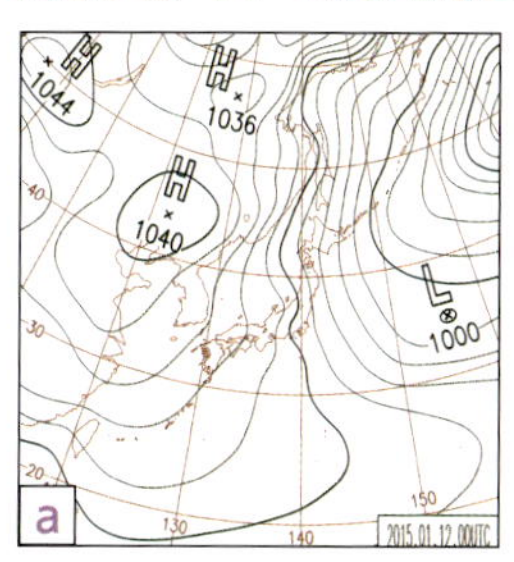

提供：気象庁

日本海山間部に雪をもたらす冬型の気圧配置(山雪型)

西高東低の冬型の気圧配置。日本付近はせまい間隔の等圧線が縦方向に入り、シベリア大陸にある高気圧からの北西季節風が強く吹いていることがわかる。

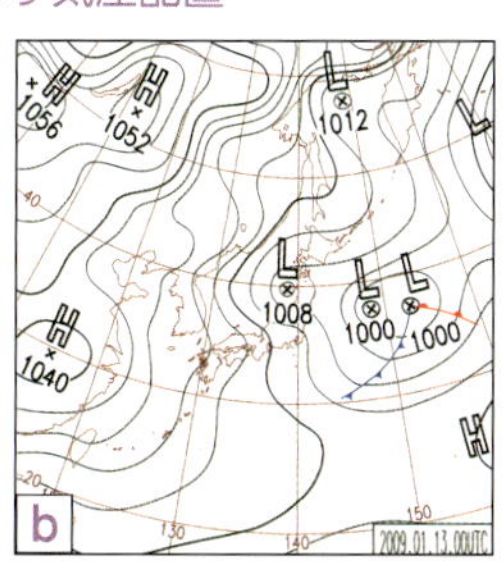

提供：気象庁

日本海沿岸部に雪をもたらす冬型の気圧配置(里雪型)

冬型の気圧配置ではあるが、等圧線が日本海側で袋状の形をしている。ここの上空に寒気が入ると、大気の状態が不安定になり、海側に積乱雲が発達し、大雪をもたらす。日本海側に発生した小さな低気圧が上陸して、平野部に大雪をもたらすことも。

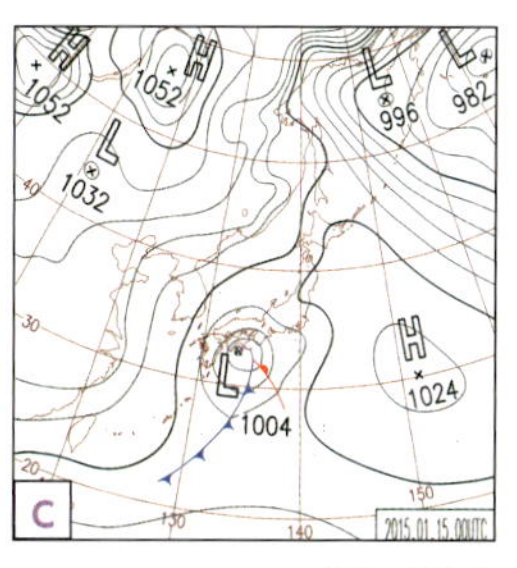

提供：気象庁

太平洋側に雪をもたらす気圧配置

関東の南岸を低気圧が通過すると(南岸低気圧)、太平洋側でも雪が降ることがある。

記録的な大雪の理由

関東地方など、雪が普段からあまり降らない地域は、大雪が降ると交通網が麻痺し、大きな影響が出ます。特に2014年の２月14日に関東甲信越地方で発生した記録的な大雪は、山梨県の甲府市では114cmの積雪を記録し、大雪によって集落が孤立したり、屋根やビニールハウスが倒壊したりするなど、さまざまな被害が発生しました。

この大雪の原因のひとつは、日本の東にあった偏西風の蛇行によってできるブロッキング高気圧(P.92)だとされています。ブロッキング高気圧が南岸低気圧の動きを阻んだため、南岸低気圧が一か所にとどまり、関東甲信越地方で雪が降り続いたのです。

地球温暖化と大雪の関係

このように、記録的な大雪には、２章のP.92で挙げたような偏西風の蛇行や、北極振動による寒気の南下などが関わっていることが多いです。

では、人類によって引き起こされた地球温暖化は、日本の降雪パターンにどのような影響を及ぼすのでしょうか。IPCC第四次評価報告書をもとに、気象庁が日本の気候の変化を予測したところ、日本の積雪や降雪は日本海側を中心に減少し、北海道内陸の一部地域では増加することがわかりました。積雪や降雪が増加するのは、気温や海面水温の上昇によって、大気中にふくまれる水蒸気量が増えるからです。また、積雪や降雪期間は将来短くなる傾向にあります。

降雪や積雪が減るとはいえ、豪雪自体はなくならないと考えられています。現在の豪雪地帯は、過疎地であり、住民の高齢化によって雪下ろしなどに伴う事故は年々増加傾向にあります。今後も雪害による死亡者数は増えていくことでしょう。普段雪があまり降らない都市部では、大雪が減れば、それだけ雪に対する備えが手薄になるため、大雪が降ったときに都市機能が麻痺する可能性が高くなると考えられています。

また地球温暖化によって雪解けが今よりも早くなる可能性があります。稲作で大量に水が必要な田植えの時期よりも雪解けの時期が前になってしまうと、水の需要ピークの時期が供給のピークの時期と合わなくなってくるという弊害も起こってくることでしょう。

図03-07-02　日本海側の雪の降り方

山雪型

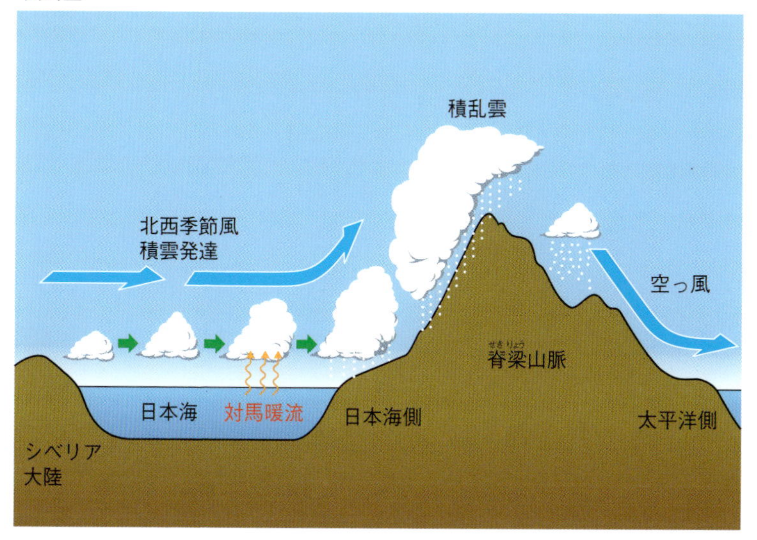

里雪型

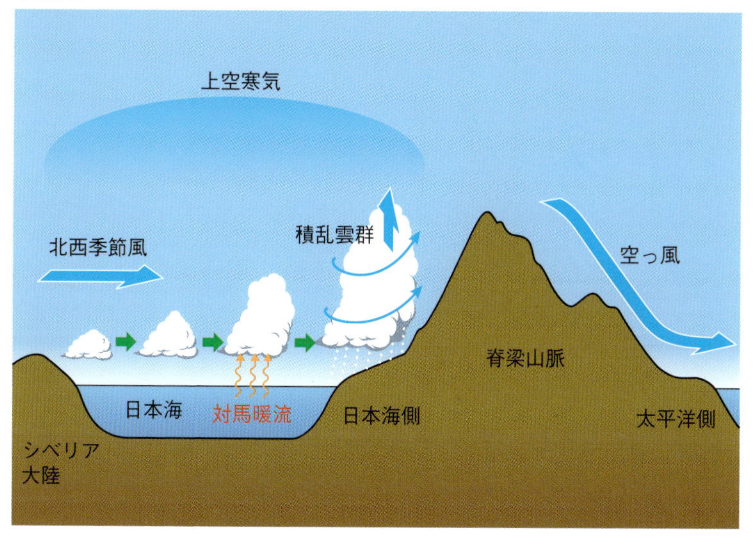

出典：松江地方気象台HPを元に作成

column

異常気象は温暖化のせいなのか

豪雨や干ばつ、猛暑などの異常気象が起こると、必ずといっていいほど「これって地球温暖化のせいですか？」という質問が出ます。このような質問が研究者のもとに投げかけられると、今までは「異常気象が生まれるのは、地球上で昔から行われてきた気候変動も原因のひとつであり、必ずしも人類による活動だけが原因ではありません」というのが模範解答でした。しかし、ここ数年は、人類の活動によって起こる地球温暖化が、異常気象の発生する確率にどの程度影響を及ぼしたのかを解明する研究が活発に行われるようになってきています。このような研究のことを「イベント・アトリビューション」といいます。

さまざまな異常気象のケースを、産業革命以前の気候条件でシミュレーションしてみたところ、地球温暖化の影響を受けているケースとそうでないケースに分かれました。たとえば、2013年の７～８月の南日本の猛暑は、地球温暖化の影響を受けているケースで、2012年６～７月の南日本の豪雨は影響を受けていないケースということがわかりました。このような研究が進めば、異常気象と地球温暖化の関連はもっと深くわかってくることでしょう。

第4章
どうなる？ 未来の地球

これから、地球温暖化は進んでいくのでしょうか。それに伴い、地球の環境や生き物の生態、人類のくらしはどう変化していくのでしょうか。IPCCの第五次評価報告書をもとに、地球の将来の姿をご紹介します。

これからどうなる？
地球温暖化

地球の未来を予測するIPCC

気候変動によって、地球全体がおおいに変化しています。果たして、100年後、200年後の地球の気候はどうなっていくのでしょうか。そして、人類の活動は、地球環境にどのような影響を及ぼすのでしょうか。

将来の地球の姿を知る手掛かりとなるのが、国連組織のひとつであるIPCCがまとめた報告書です。IPCCは、人間の活動が起源となる気候変化やその影響、そしてそれに人間社会はどのように対応していくのかを科学的、技術的、社会経済学的な見地から評価するために設立されました。地球の将来に警鐘を鳴らすだけではなく、将来の環境変化を最低限にするために、どのような政策をとればよいのかを示唆することもIPCCの役割のひとつです。

IPCCの評価報告書とは

IPCCは5～6年ごとに評価報告書を公表しています。この報告書は、各国政府から選ばれた専門家によってまとめられており、世界中の科学者が発表する論文や観測・予測データを評価しています。

報告書は第1作業部会(WG1)、第2作業部会(WG2)、第3作業部会(WG3)のそれぞれの報告書と、この3つを統合した統合報告書でできています。科学的な分析だけではなく、気候変動を抑える対策や人間活動への影響なども盛り込まれているのが特徴です(表04-01-01、表04-01-02、図04-01-01)。

国際的な地球温暖化対策に科学的根拠を与える文書なので、国際交渉の際にも強い影響力を持ちます。2007年に第四次評価報告書を発表した後には、ノーベル平和賞を受賞し話題になったことを覚えている人もいるかもしれません。

表04-01-01　人間活動が地球温暖化の原因となっているかの評価

第一次評価報告書(FAR)	1990年	人によって作り出された温室効果ガスは気候変化を生じさせるおそれがある
第二次評価報告書(SAR)	1995年	地球全体の気候に、人による影響がはっきりと現れている
第三次評価報告書(TAR)	2001年	過去50年間に観測された温暖化の大部分は、温室効果ガス濃度の増加が原因だった可能性が高い
第四次評価報告書(AR4)	2007年	地球温暖化は疑う余地がない。20世紀半ば以降に観測された世界平均気温の上昇のほとんどは、人によって作り出された温室効果ガス濃度の増加が原因である可能性が非常に高い

出典：IPCCリポート コミュニケーター事務局を元に作成

表04-01-02　AR5報告書発表の流れ

第1作業部会(WG1)報告書	2013年9月 ストックホルム	気候システム及び気候変動の自然科学的根拠についての評価
第2作業部会(WG2)報告書	2014年3月 横浜	気候変動に対する社会経済及び自然システムの脆弱性、気候変動の影響及び適応策の評価
第3作業部会(WG3)報告書	2014年4月 ベルリン	温室効果ガスの排出削減など気候変動の緩和策の評価
統合報告書	2014年10月 コペンハーゲン	気候変動に関する総合的見解

出典：IPCCリポート コミュニケーター事務局を元に作成

IPCC(気候変動に関する政府間パネル)：1988年に、世界気象機関(WMO)と国連環境計画(UNEP)によって設立された組織。事務局はスイスのジュネーブにあり、参加国は現在195か国。

図04-01-01　IPCC第五次評価報告書作成プロセス

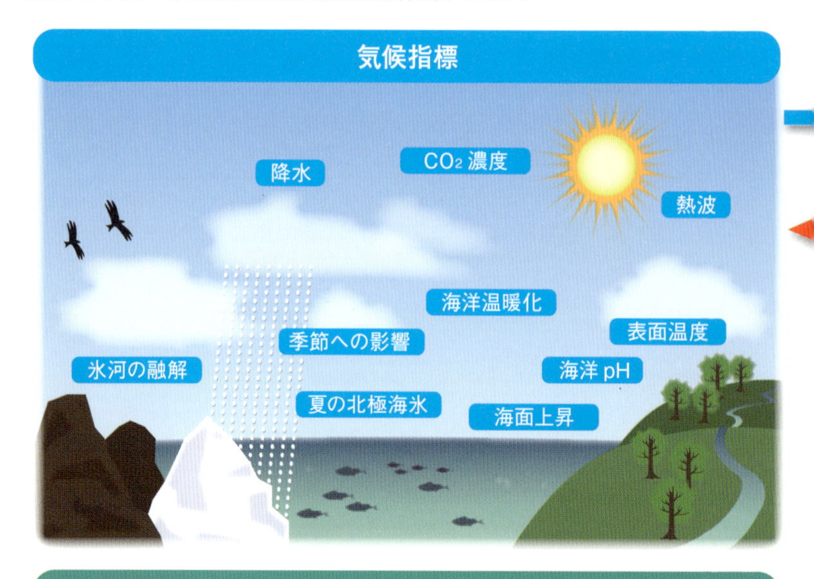

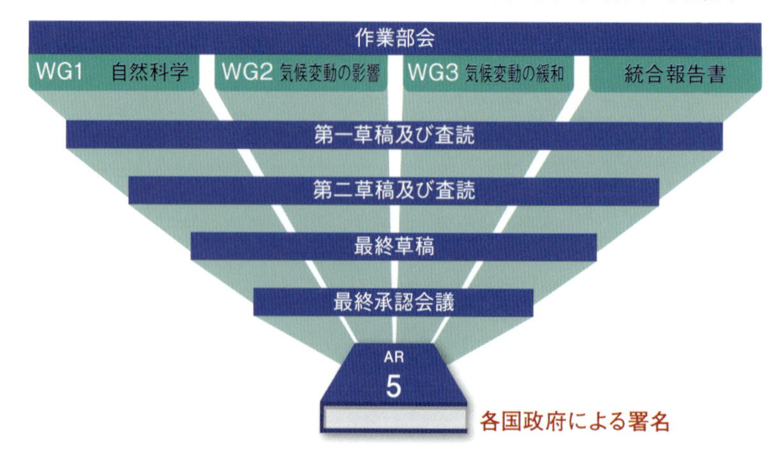

気候が人間活動に影響を与える

人間活動が気候に影響を与える

現在起こっている地球温暖化は、産業などのさまざまな人間活動が気候に影響を及ぼしたものである。IPCC第五次評価報告書は、単に気候変動の現状を報告し、将来を予測するものだけではなく、各国の政策立案の根拠にもなる。そして、IPCC第五次評価報告書をもとにして立案された政策は、企業などの人間活動にも影響を及ぼすことになる。

人間活動への影響とリスク

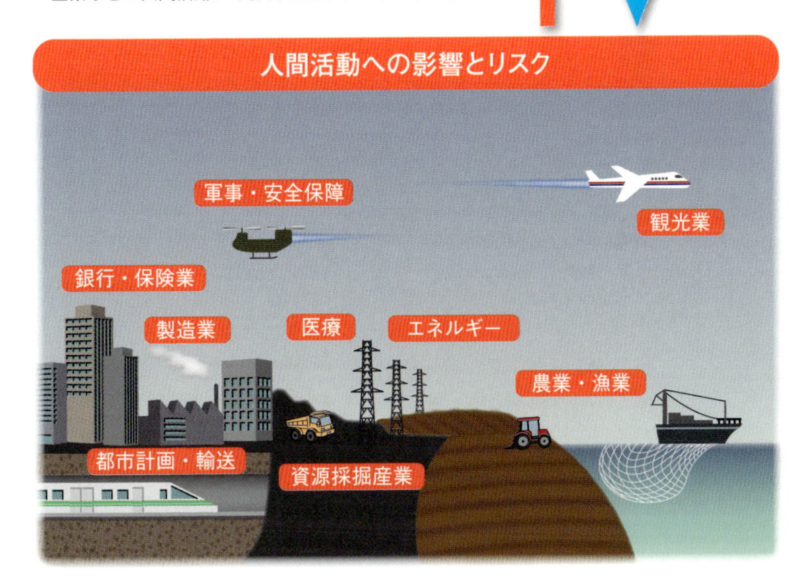

出典：IPCC第五次評価報告書を元に作成

地球は確実に温暖化する

IPCCによる評価報告書の最新版は、2013年から順次発表されている第五次評価報告書(AR5)です。これには「地球温暖化は疑う余地がなく、20世紀半ば以降に観測された温暖化の要因は人間活動であった可能性が極めて高い」と記載されています。

そして、温室効果ガス濃度の上昇に伴って、世界平均地上気温も上昇していることが観測データからも裏付けられており、温室効果ガスが現在のペースで排出され続けると、今世紀末までに世界平均地上気温は+2.6〜4.8℃、世界平均海面水位は+0.45〜0.82mになる可能性が高いと予測しています。さらに、少なくとも2/3の確率で、21世紀半ばまでに夏の北極海氷がほぼ消失する可能性が高いことも示唆しています。

このような気温や海面の上昇などの変化に伴い、気象災害や生態系、人間の健康にも影響が出てくることが予測されています(表04-01-03)。

IPCCが提示した4つのシナリオ

地球温暖化の原因に人類の活動が大きく関わっているのであれば、今後人類が排出する温室効果ガスの量によって、将来の姿も変わってきます。各国で温室効果ガスの排出を抑えれば、気温上昇も抑えられるかもしれません。地球温暖化が進行した地球の将来の姿を複数の温室効果ガス排出想定(RCPシナリオ)でシミュレーションしたものが、IPCCの第五次評価報告書の中で提示されています。

RCPシナリオは全4種類。まずは将来の気温上昇を2℃に抑える目標に整合的なRCP2.6(低位安定化シナリオ)と、2100年まで特に対策を取らなかった場合のRCP8.5(高位参照シナリオ)があり、その間にはRCP4.5(中位安定化シナリオ)とRCP6.0(高位安定化シナリオ)の2種類のシナリオがあります。

そして、各シナリオごとに、将来の温室効果ガスをどの程度排出するのかによって地球上に起こる変化や、その変化が起こる可能性を示しています(図04-01-02)。

なお、RCP2.6のシナリオどおりに温室効果ガスを削減すれば、必ず将来の気温上昇が2℃になるわけではありません。将来の気候は、さまざまな要素がからみあっているため、正確に「2℃」とは予測しにくいからです。

表04-01-03　地球温暖化が日本に及ぼす影響

環境省によると、2100年まで特に対策を取らなかった場合のRCP8.5(高位参照シナリオ)において、日本では2100年に下記のような影響が予測されている(1981～2000年との比較)。

分野	項目	影響
気温	気温	3.8～6.8℃上昇
	降水量	9～16%増加
	海面	60～63cm上昇
災害	洪水	年被害額が3倍程度に拡大
	砂丘	80～82%消失
	干潟	約11～12%消失
水資源	河川流量	1.1～1.2倍に増加
	水質	クロロフィルaの増加による水質悪化
生態系	ハイマツ	生育域消失～現在の０～７%に減少
	ブナ	生育域が現在の13～75%に減少
食料	コメ	収量に大きな変化はないが、品質低下リスクが増大
	うんしゅうみかん	作付適地がなくなる
	タンカン	作付適地が国土の1%から13～34%に増加
健康	熱中症	死者、救急搬送事故が2倍以上に増加
	ヒトスジシマカ	分布域が国土の約4割から75～96%に拡大

出典：全国地球温暖化防止活動推進センター HPを元に作成

RCPシナリオ：代表濃度経路シナリオ(Representative Concentration Pathways Scenario)のことを指す。IPCC第五次評価報告書で扱う気候予測に用いるシナリオとして、2009年に示された。

図04-01-02　4つのRCPシナリオが示す地球の将来

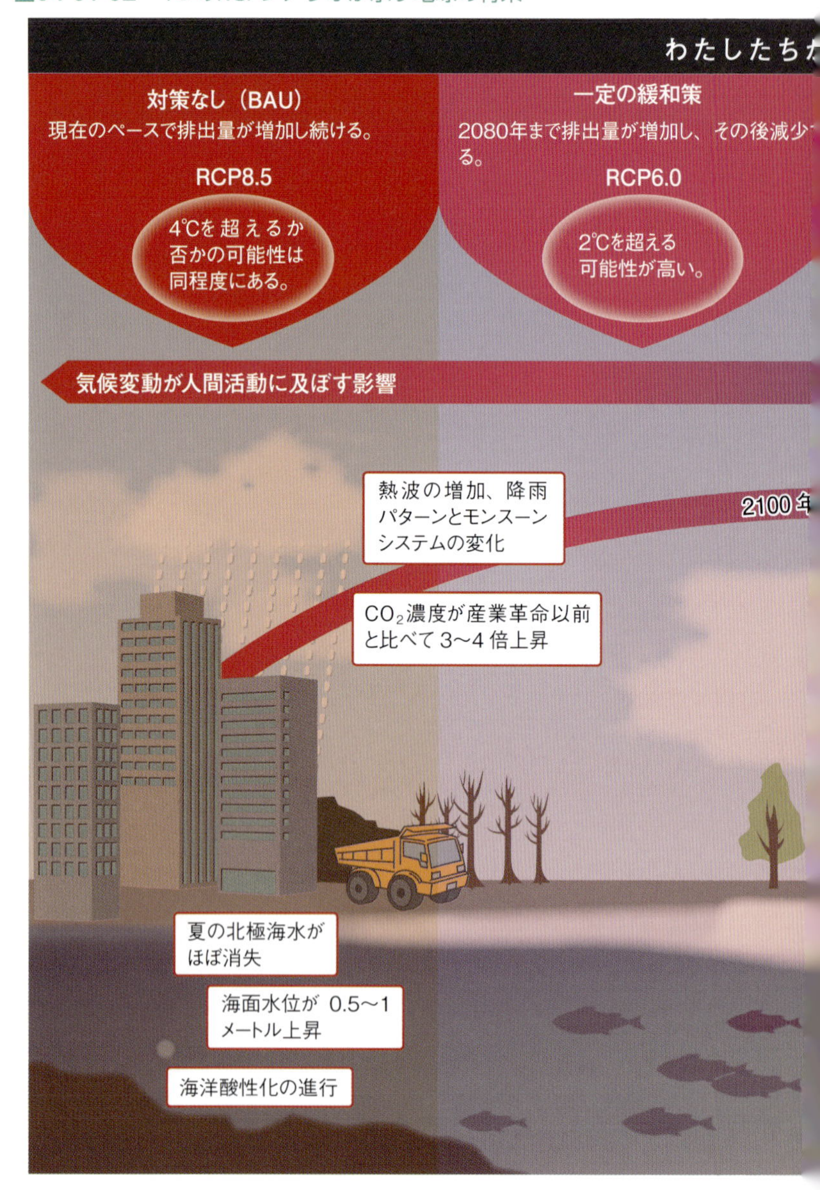

面する選択肢

強力な緩和策

30年までに排出量が現在の半分の水準
定する。

RCP4.5

5割を超える確率で 2℃を超える可能性がある。

積極的な緩和策

2050年までに排出量を半減する。

RCP2.6

2℃を超える可能性は低い。

政策変更が人間活動に及ぼす影響

りうる世界

2100 年までに大気中から CO_2 を除去する「負の排出」が必要になる

今世紀末までに CO_2 濃度が低下

気候変動は全体的に抑制されるが回避はされない

「転換点」と不可逆的変化のリスクが減少

出典：IPCC第五次評価報告書を元に作成

RCP2.6、8.5シナリオでは将来の気温が何℃になる可能性が高いのかについては、図04-01-03を参照するとよいでしょう。

RCPシナリオの特徴とは

IPCCが示す地球の将来のシナリオについては、以前は第四次評価報告書で使用していた「SRESシナリオ」がありました。これは、今後の社会・経済動向がどのように進むのかをいくつかのパターンに分け、それぞれのパターンについて地球温暖化がどの程度進むのかを予測するもの。しかし、いずれのシナリオでも、温室効果ガス排出を抑制するための政策は一切とられないとの想定が置かれていました。つまり、そのシナリオで地球の将来の姿はわかっても、今後にどの位の削減努力を行うべきかを検討しにくいのが欠点でした。

一方、第五次評価報告書で用いている「RCPシナリオ」は、あらかじめ政府が地球温暖化の緩和策をとるという前提で組み立てられています。これなら、数パターンの地球の将来の姿を見て、どのシナリオに沿った緩和策をとればよいのかを判断しやすくなります(表09-01-04)。

たとえば、RCP2.6では、現在から約60年後にCO_2をほぼゼロの水準に近づけるという厳しい排出抑制策をとる必要があります。それで地球環境の変化を最小限に抑えられたとしても、その排出抑制策により経済的なデメリットが発生してしまうかもしれません。

かといって、RCP8.5であれば、地球の環境はおおいに変化し、人類や生物にとってさまざまなデメリットが発生することが考えられます。どちらのデメリットが我慢できるのかを考えれば、おのずと選ぶシナリオも決まってくるというわけです。

SRESシナリオ：IPCC第四次評価報告書で使われていた将来予測シナリオ。SRESとは、「Special Report on Emissions Scenarios」の略。SRESシナリオは30通り以上あるが、大きくA1、A2、B1、B2の4種類のグループに分類される。A1グループでは、高い経済成長と地域格差の縮小を仮定し、A2グループでは、高い経済成長と地域の独自性を仮定する。B1グループは、環境を重視した持続可能な経済成長と地域格差の縮小を、B2グループは、環境を重視した持続可能な経済成長と地域の独自性を仮定している。いずれのシナリオでも、特に地球温暖化の抑制を目的とした政策はとらないという設定になっている。

表04-01-04　RCPシナリオ

RCP2.6 （低位安定化シナリオ）	温室効果ガスの排出に対して積極的な対策をとった場合の将来を予測するシナリオ。世界のCO_2排出量は約10年後から減少し始め、現在から約60年後にほぼゼロの水準に近くなる
RCP4.5 （中位安定化シナリオ）	温室効果ガスの排出量を抑制するためにある程度の行動をとると想定したシナリオ。2070年までにCO_2排出量が現在の水準を下回り、今世紀末までに大気中のCO_2濃度が産業革命時代以前の約2倍の水準で安定すると予測されている
RCP6.0 （高位安定化シナリオ）	温室効果ガスの排出量を抑制するためにRCP4.5よりも消極的な行動をとると想定したシナリオ。2080年頃までCO_2排出量は上昇し続け、RCP4.5よりも濃度の安定に時間がかかり、大気中のCO_2濃度もRCP4.5より約25%高くなると予測されている
RCP8.5 （高位参照シナリオ）	温室効果ガスの排出量に関して、特に対策をとらなかった場合のシナリオ。2100年までに大気中CO_2濃度が産業革命以前の3〜4倍に上昇する

出典：IPCC第五次評価報告書を元に作成

図04-01-03　年平均地上気温変化の可能性
（1986〜2005年平均と2081〜2100年平均の差）

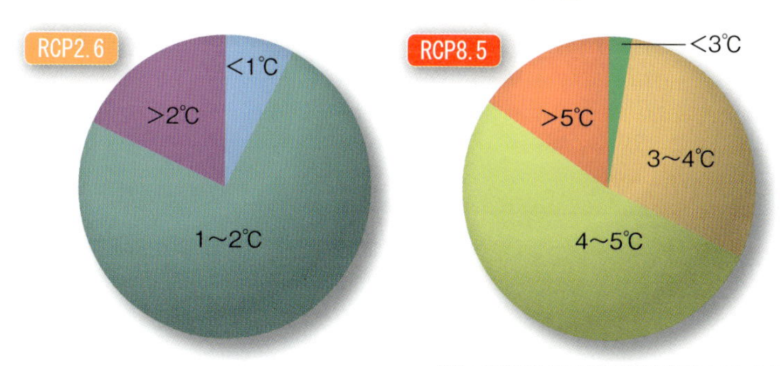

出典：塩竈秀夫（国立環境研究所）資料を元に作成

RCP2.6シナリオと、RCP8.5シナリオで、それぞれ将来の地球の年平均気温が何℃上がる可能性があるのかを示したグラフ。たとえば、RCP2.6シナリオでは、将来地球の年平均気温が1〜2℃上がる可能性が最も高いが、2℃以上上がる可能性もあるということがわかる。

気候変動のその後①
気温と海面の上昇による影響

どのシナリオでも進む地球温暖化

IPCCの第五次評価報告書では、最も厳しい温室効果ガス排出削減策をとったRCP2.6であっても、産業革命以前の水準にはもどらず、今後も地球温暖化は進むと予測しています。具体的には、21世紀末までの世界平均気温は、RCP2.6では0.3〜1.7℃、RCP4.5では1.1〜2.6℃、RCP6.0では1.4〜3.1℃、RCP8.5では2.6〜4.8℃上昇する可能性が高いとされています(図04-02-01)。これは、(2081〜2100年の世界平均地上気温)と(1986〜2005年の世界平均地上気温)の差です(図04-02-02)。

海水温上昇と酸性化も進む

地球温暖化は、海洋にも影響を及ぼします。すべてのRCPシナリオで海洋の温暖化も予測されており、地域によっては海面から深さ100mまでの水温が、RCP2.6の場合は0.6℃、RCP8.5の場合は2℃以上上昇する可能性があります。特に、海面の上昇が最も進むと予測されているのが、熱帯地域と北半球の亜熱帯地域です。

また、CO_2が大気中に増えれば、海洋の酸性化が進みます。すべてのRCPシナリオで海洋はますます酸性化すると予測され、特にRCP8.5で深刻化します。

海面水位も上昇

現在の海面上昇の主な原因は、水温が高くなることによる海水の体積の増加と、山岳氷河の融解による海水の質量そのものの増加です。もし地球温暖化が進めば、海水はさらに膨張を続け、海面水位も上昇します。たとえ近い将来温室効果ガスの排出が抑えられ、気温上昇が止まったとしても、海洋全体の水温はこれから数百年かけて進んでいきます。それは、海の浅いところから徐々に深いところに向かって海洋の温暖化が進むからです。ですから、次節で説明する氷河・氷床の融解もふくめ、海面水位は2100年以降も上昇していくことでしょう(図04-02-03)。

海面水位の上昇の度合いは、世界全体の平均で、21世紀末までにRCP2.6の場合で0.26〜0.55m、RCP4.5の場合で0.32〜0.63m、RCP6.0の場合で0.33〜0.63m、RCP8.5の場合で0.45〜0.82mとされています。

図04-02-01　世界平均地上気温変化の予測

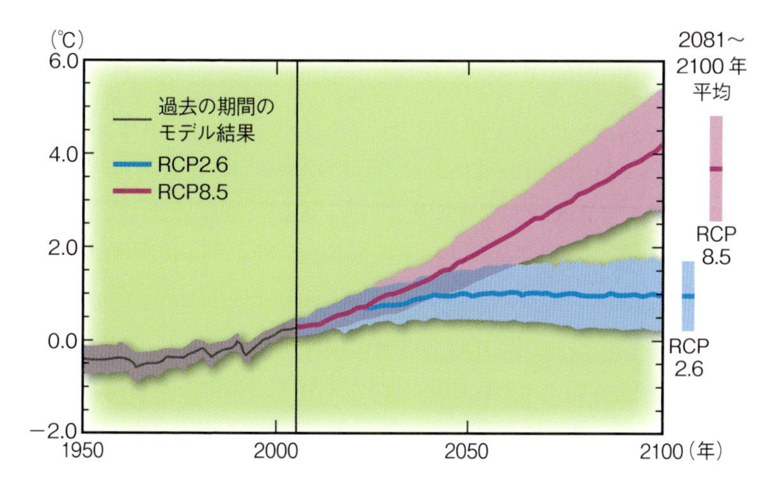

出典：IPCC第五次評価報告書を元に作成

図04-02-02　年平均地上気温変化の可能性
（1986〜2005年平均と2081〜2100年平均の差）

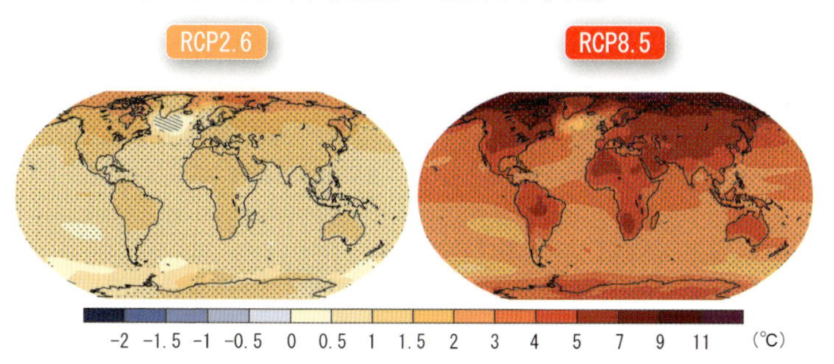

出典：IPCC第五次評価報告書を元に作成

氷床も融けていく

地球温暖化が進めば、今地球上に氷として存在している水が融けていきます。まず、北極海の海氷は、90%以上の確率で体積が減少し続けます。21世紀末までに夏の北極海氷は平均43%(RCP2.6)～94%(RCP8.5)減少し、冬でも8%(RCP2.6)～34%(RCP8.5)は減少するでしょう。RCP8.5においては、21世紀半ばまでに2/3以上の確率で夏の北極海氷がほぼなくなってしまうと予測されています(図04-02-04)。

そして、北半球の積雪の面積は今後も減少し続けます。春の積雪面積は、7%(RCP2.6)～25%(RCP8.5)の範囲で縮小する可能性があり、地表近くの永久凍土の面積は、21世紀末までに37%(RCP2.6)～81%(RCP8.5)の範囲で縮小する可能性があります。

また、氷河や氷床の量もすべてのシナリオで減少すると予測されています。2100年までに、RCP2.6では15～55%、RCP8.5では35～85%の範囲で消失する可能性があります。

グリーンランドの氷床は、早ければ2100年までに融ける量が降雪量を上回り、縮小が始まると予測されています。氷床はゆっくり縮小し、数百年かかって消えていくのですが、グリーンランド氷床が完全に消えてしまえば、海面水位は7mほど上昇します。これに加えて、南極の氷床も融ける可能性があります。先ほどの海面水位の予測値は、南極の氷床の一部が崩壊しなかった場合なのですが、崩壊した場合は、21世紀末の世界の海面水位はこの範囲を大幅に上回ることでしょう。

南極の氷床は、どのように崩壊していくかで融ける速度も変わってきます。小さい氷はすぐに融けますが、大きい氷はなかなか融けないからです。氷床の崩壊の仕方は複雑で予測するのが難しいため、水位がどの程度上がるのかも予測しにくいのですが、数百年後には海抜0m地帯は水没してしまう可能性はおおいにあるといえます。

高まる高潮のリスク

海抜0m地帯が水没するのは数百年後の遠い未来かもしれませんが、油断は禁物です。海面水位が上昇すると、台風やハリケーンなどによる高潮被害が増える可能性があるからです。

また、地球温暖化が進んで台風

やハリケーンなどがパワーアップすれば、高潮のレベルもより大きくなることでしょう。

図04-02-03　世界平均海面水位上昇

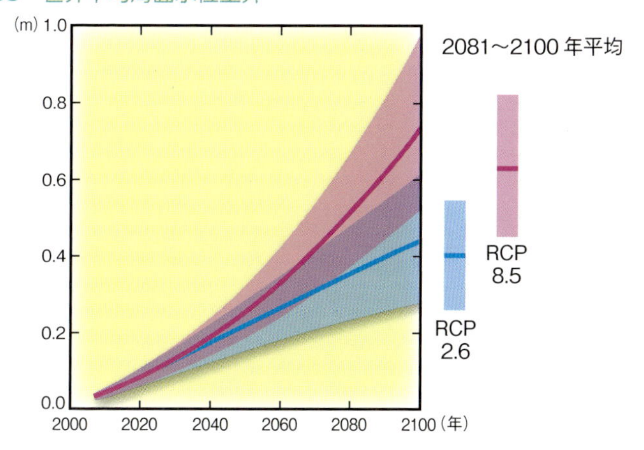

出典：IPCC第五次評価報告書を元に作成

図04-02-04　北半球の9月の海氷面積の変化の可能性（2081～2100年平均）

出典：IPCC第五次評価報告書を元に作成

灰色部分は、現在の陸地。水色で塗りつぶされたところは、2081～2100年の海氷の存在するエリアを示している。つまり、RCP2.6では海氷は将来縮小し、RCP8.5では、海氷は将来消滅することがわかる。

気候変動のその後②
今後の気象災害

地球温暖化による気候の変化

気温が上がり、海水温が上がれば、当然気象にも影響が出ます。

IPCC第五次評価報告書では、地球温暖化が進むことで、21世紀末までに、世界のほとんどの地域で異常に暑い日が増え、異常に寒い日は少なくなると予測しています。雨の降り方も極端になります。中緯度地域と熱帯地域では、90%以上の確率で異常降雨の頻度が増え、雨自体の強さも増します。

地上気温の上昇度合いよりも、図04-03-01が示すように、降水量の変化のほうが地域差がはっきりとしていることがわかります。乾燥地域ではより乾燥が進み、湿潤地域ではより雨が多くなります。そして、RCP2.6よりもRCP8.5のほうがより地域差がはっきりする傾向にあります。

強い台風がときおり現れる

それでは、将来の地球の天気はどのように変化するのでしょうか。熱帯低気圧の中でも、台風とハリケーンは、世界的な傾向として、将来の総発生数は減るものの、一度発生すると以前よりもパワーアップすると考えられています。

実際に、過去に日本に甚大な被害をもたらした伊勢湾台風が、将来地球が温暖化した場合、どのくらいパワーアップするのか再現実験を行ったところ、中心気圧は900hPaから約880hPaと、約20hPa低くなり、中心付近の最大風速は60m/sから65m/sと、約5m/sほど速くなることがわかりました。今後は熱帯低気圧ができればスーパー台風級にまで発達することもめずらしくなくなり、それに伴う風は強くなり、高潮の規模もますます大きくなることでしょう。

台風がパワーアップする理由は、1章や3章で説明したとおり、地球が温暖化することで大気中にふくむことのできる水蒸気量が増えるからです。いったん積乱雲ができてしまえば、今よりも多くの雨を降らせる積乱雲ができるようになっていくのです。台風は積乱雲

図04-03-01　世界の年平均降水量変化の可能性

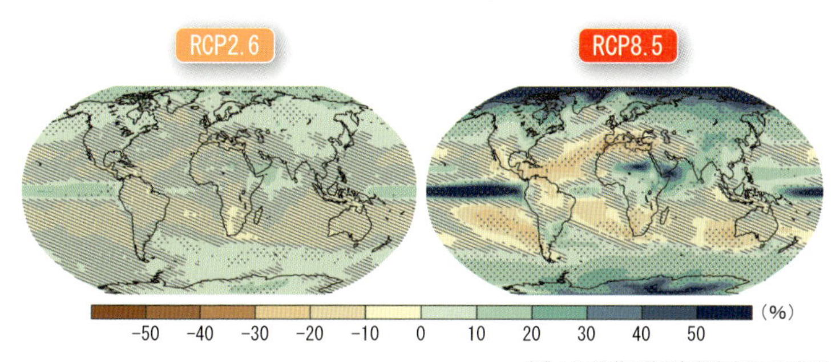

出典：IPCC第五次評価報告書を元に作成

世界の降水予測は、もともと雨の降っていた場所で降水が増え、乾燥地帯では降水が減るという結果が出ており、RCP2.6よりもRCP8.5のほうがより顕著である。

図04-03-02　将来台風が減る仕組み

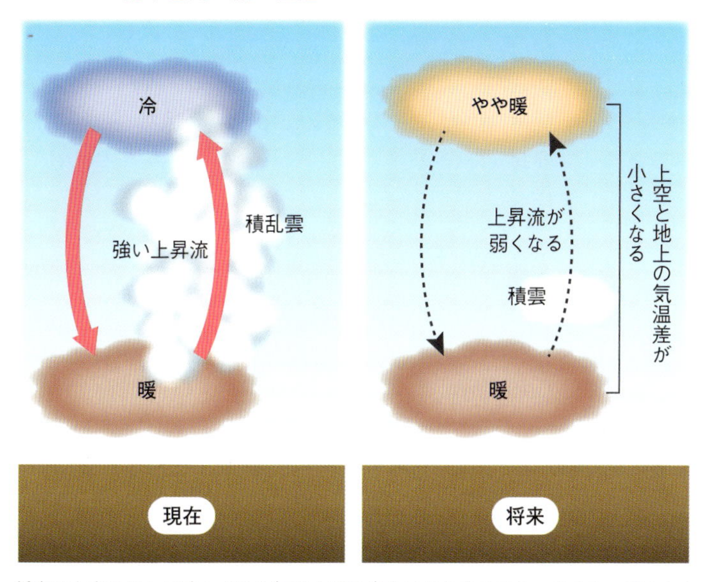

将来は上空のほうが地上よりも気温上昇の度合いが大きくなる。すると、地上と上空の気温差が小さくなり、上昇流が弱くなって、積乱雲ができにくくなる。台風は積乱雲で構成されているため、積乱雲ができにくくなると、台風も発生しにくくなる。

の集合体なので、積乱雲がより強くなれば、台風もより強く発達することになります。

一方、台風の発生数が減る理由は、将来の地球温暖化は地表よりも上空でより進むと考えられているからです。こうして、地表近くとの気温差が小さくなると、大気は安定化します。地表近くと上空との気温差が大きいほど不安定になって、積乱雲を作る上昇流が激しくなるので、大気が安定化すれば積乱雲ができにくくなります(図04-03-02)。降らない期間が長くなって干ばつが増える一方、降るときはザーッと激しく降るというのが今後の雨の降り方といえるでしょう。

8月の梅雨前線の脅威

それでは、日本の天気はどうなるのでしょうか。RCP8.5シナリオによる2100年の気候データをもとに日本の天気をシミュレーションしてみると、梅雨明けが遅れ、8月になっても日本列島に停滞前線が居座るようになることがわかりました。

これは、将来赤道近くの東太平洋の水温が上がり、低緯度の大気循環であるハドレー循環の位置が変わって、太平洋高気圧が東の方に移動するからです。現在では夏になると太平洋高気圧の勢力が強まり、梅雨前線が北に押し上げられて梅雨明けするのですが、太平洋高気圧の場所が東の方になれば、8月になっても停滞前線は日本列島に居座ります。

日本で将来起こりうる豪雨のパターンは、「平成26年8月豪雨」と呼ばれた西日本を中心に多くの気象災害をもたらした豪雨と似たような形になるのではないかと考えられています(図04-03-03)。この豪雨は、西日本を中心としたさまざまな場所で1時間に80㎜以上の猛烈な雨をもたらし、広島で甚大な土砂災害を引き起こしました。同じ停滞前線でも、8月は6月にくらべれば気温が高いので、大気中の水蒸気量が増えて雨が強くなる傾向にあります。

さらに、8月に日本に停滞する前線のこわさは、そこに台風がやってくる可能性も高いということです。停滞前線に台風がぶつかると、前線に台風からの暖かく湿った風が流れ込み、前線での収束が強くなり、強い上昇流が生まれます。すると、停滞前線が単体で存在するときよりもさらに強い集中豪雨が発生するのです。2013

年9月に、日本に上陸した台風18号は、まさにこの停滞前線との組み合わせで、京都では桂川をはじめとする河川の氾濫や、住宅への浸水などの被害をもたらしました。今後も同じようなパターンの気象現象は増えていくと考えられています。

図04-03-03　平成26年8月豪雨による広島の土砂災害

平成26年８月豪雨による広島市安佐南区の被害の様子。広島市全体では、土石流が107件、がけ崩れが59件発生し、74名の死者を出した。　写真提供：国土地理院HP

図04-03-04　台風と停滞前線の組み合わせの危険性

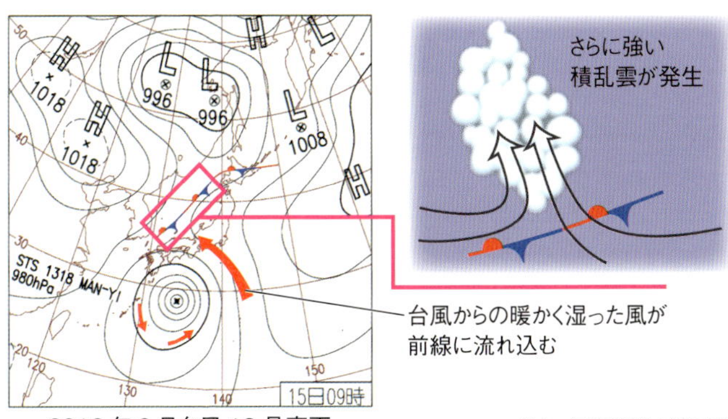

2013年９月台風18号豪雨　　出典：気象庁提供の図に加筆

気候変動のその後③
未来の生態系はどうなる？

陸上の生態系は地球温暖化でどう変化する？

地球の生態系は、地球温暖化が起こってもある程度は新しい気候に適応します。大気中のCO_2が増えれば、ある程度は植物が光合成によってCO_2を吸収してくれますし、場合によっては温暖化に合わせて生存に適した場所へ移動できることもあるからです。しかし、暖かい気温に適応できない動植物は今後生息数を減らす恐れがあります（図04-04-01）。

今後も地球温暖化が続けば、このような傾向は続くはずです。ただし、生き物の種類によって気温の変化に適応できる能力も大きく違ってきます。

たとえば、蝶や鳥など、空を飛んで海を渡れる動物は、簡単に住みやすい場所に移動することができます。

一方、空を飛べない動物や植物は、海を渡って北に移動することはできません。そこで、より寒冷な地を求めて高地に移動することも考えられますが、それにも限界があります。大型の動物よりは小さな動物のほうが、そして動物よりも植物のほうが移動速度が遅いため、地球温暖化のスピードが速ければ、小さい動物や植物は新しい環境に適応できずに数を減らし、ゆくゆくは絶滅につながってしまうかもしれません（図04-04-02）。

次ページの図04-04-03は、IPCC第五次評価報告書で予測している将来の動植物の種類別の絶滅リスクです。各動植物のマークの下にあるオレンジ色の棒グラフは、その動物の移動できる速度を示しています。そして、棒グラフの外にある横線は、現在と同じ気温の場所が寒い場所に向かって進む速度です。色のついた横線よりも、棒グラフの頭の部分が下にあると、気温の変化に追いつけないことを示しています。

つまり、RCP8.5シナリオでは、植物や体の小さな空を飛べない動物は、平地では気候の変化に追いつけず、絶滅してしまう可能性が高いということになります。一方、温暖化の度合いがそこまで大きく

図04-04-01　地球温暖化が陸上生物に与える影響

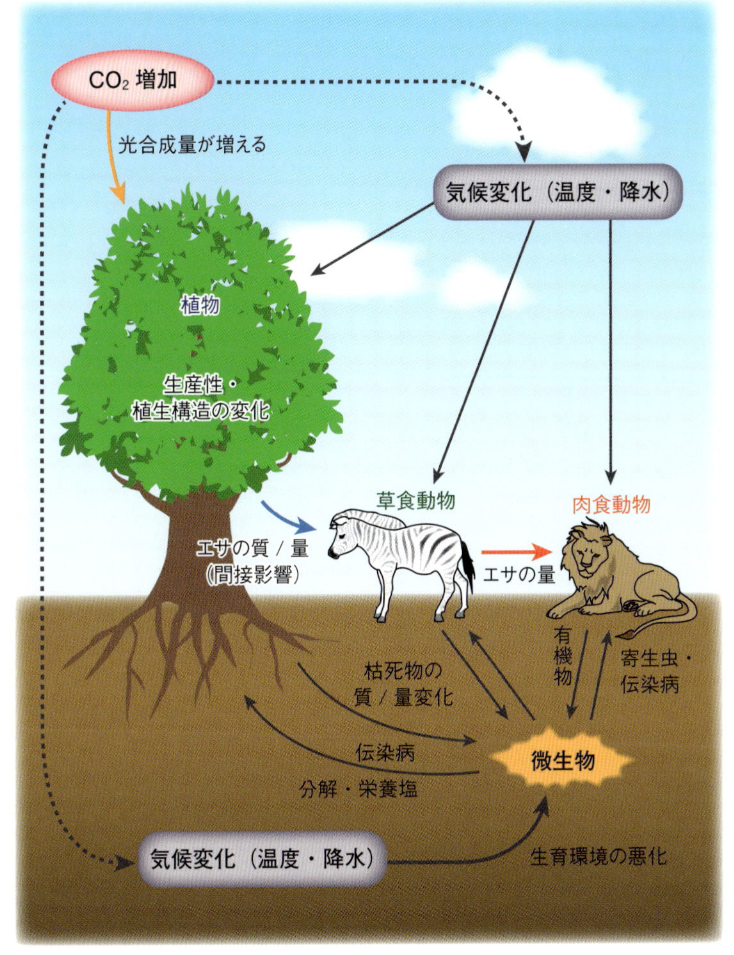

出典：『地球温暖化の事典』(独)国立環境研究所地球環境研究センター編著/丸善出版を元に作成

生態系は、食物連鎖などの複雑な相互作用の上に成り立っている。関係のあるもの同士の季節的なタイミングがずれると、植物が種子を作れなくなったり、動物がエサを十分に食べられなくなったりする。

ないRCP2.6、RCP4.5シナリオでは、平地でも動植物はある程度は適応できる見込みが高まります。

極端な気象現象が生態系に及ぼす影響

以前よりも極端な形で現れる気象現象も生態系に影響を及ぼします。台風や竜巻などで突風が起これば強風によって木が倒れます。また、干ばつが起これば、乾燥した枯れ木に火がついて火災が起きやすくなります。火災は多くの動植物の命を奪うだけでなく、大気中のCO_2濃度を上げることにもつながります。また、森林が一度破壊されれば元の状態にもどるには百年以上の長い時間を必要としますが、豪雨が続けば、表土が流失してしまい、土地がやせて、森林の回復を妨げてしまいます。

生態系は複雑なため、気候変動が生態系に及ぼす影響を正確に予測するのは難しいものです。しかし、人類による急速な地球温暖化に極端な気象現象が加われば、生態系に甚大な被害をもたらす可能性が高まります。

今のペースで地球温暖化が続けば、今後生態系には何らかの変化が起こることは確かなのです。

速いスピードで進む絶滅

地球温暖化で、生物多様性が失われるのか、それとも高まるのかは、科学者の間で見解が分かれています。

現在、地球で最も生物多様性の高い地域は、赤道付近の熱帯地域で、地球の陸地の約７％の面積に、陸上生物の40%以上が生息しているといわれています。地球温暖化によって熱帯地域が広がれば、生物多様性の高い地域も増えるかもしれません。

しかし、その仮説とは裏腹に、地球上の生物は数を減らしています。地球上の生物が大絶滅を起こしたのは、35億年の歴史の中で５回あり、現在は６回目の大絶滅が起ころうとしているのではないかと危惧されています。前回の大絶滅は、恐竜の絶滅が起こった約6500万年前で、このときの絶滅のスピードは、１年間に１～100種ずつでした。しかし、現在では人類の活動によって生物の生息地が破壊され、１年間に４万種もの生物が絶滅しているという推定値も出ています。絶滅のスピードが桁違いであるため、生物多様性が完全に崩壊してしまうかもしれません。

図04-04-02　地球温暖化に適応しようとする動植物

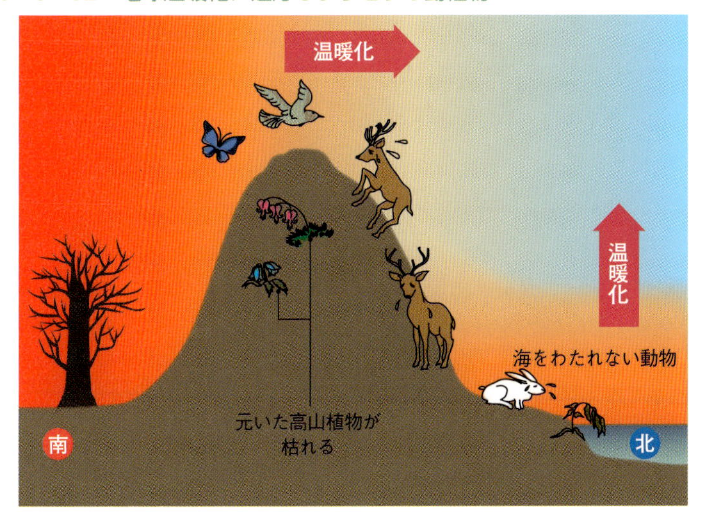

図04-04-03　生物の地形を超えて移動できる最大速度と地形を超えて移行する気温の予測速度

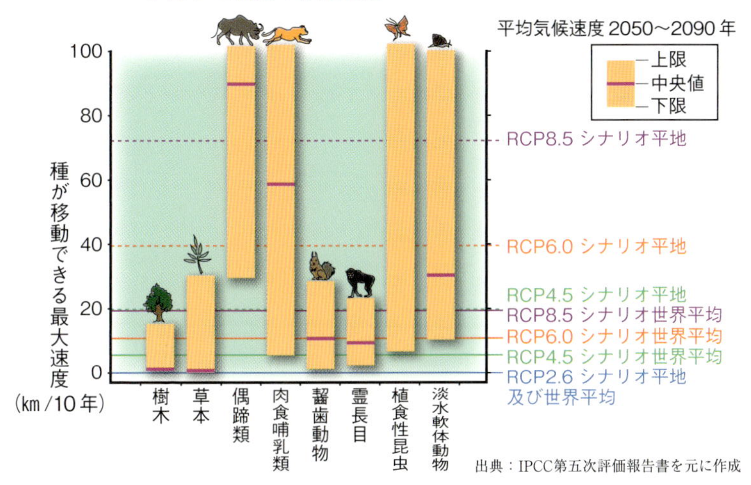

出典：IPCC第五次評価報告書を元に作成

オレンジ色の棒グラフは、樹木、植物、哺乳類、植食性昆虫(中央値は見積もられていない)及び淡水軟体動物の最大移動速度の中央値と範囲を示す。グラフの色のついた目盛り線は、将来の気温上昇の予測値で、2050～2090年のRCP2.6、4.5、6.0及び8.5シナリオについてそれぞれ示している。

気候変動のその後④
産業や健康に及ぼす影響

豪雨による水資源への影響

地球温暖化によって地球の気温や海水温の上昇、降水の変化などが起こると、自然の生態系だけでなく、人間社会にも影響が出ることがわかっています(図04-05-01)。

まず、生活や産業には欠かせない水資源に影響が出ます。地球の将来は降水が強くなると予測されていますが、一度に多くの雨が降っても、水不足解消につながるとは限りません。特に近年では降水の多い年と少ない年の変動の幅が大きくなる傾向にあるので、降った雨を貯めておく設備がないと安定的に水を供給することはできないのです。

近年増えている豪雨は、河川の氾濫ももたらします。すると、せっかく育てた作物が流されてしまいますし、建物への浸水や土砂災害によって大きな被害が発生します(図04-05-02)。

水温、海面上昇による影響

水温の上昇も人間社会に影響します。水温が上昇すると、アオコが大量発生して、水質が悪化してしまうからです。これでは飲み水を確保するのが大変ですし、養殖業も打撃を受けてしまいます。

また、海面上昇が起こると、沿岸の地域では地下水や川に海水が入り込んでしまいます。塩水のままでは飲料水にも農業用水にも使えないため、海水を淡水化しなければいけません。しかし、それには多大なコストと労力が必要になります(図04-05-02)。

農産物への影響

地球温暖化は農作物の収量にも影響を及ぼします。大気中のCO_2が増えれば、植物は光合成が活発になり、収量は増加します。また、気温が上昇すると植物の生育期間が短くなるので、二期作や二毛作も可能になります。

しかし、高温になりすぎると、

図04-05-01　世界の平均気温が上昇することで考えられる影響

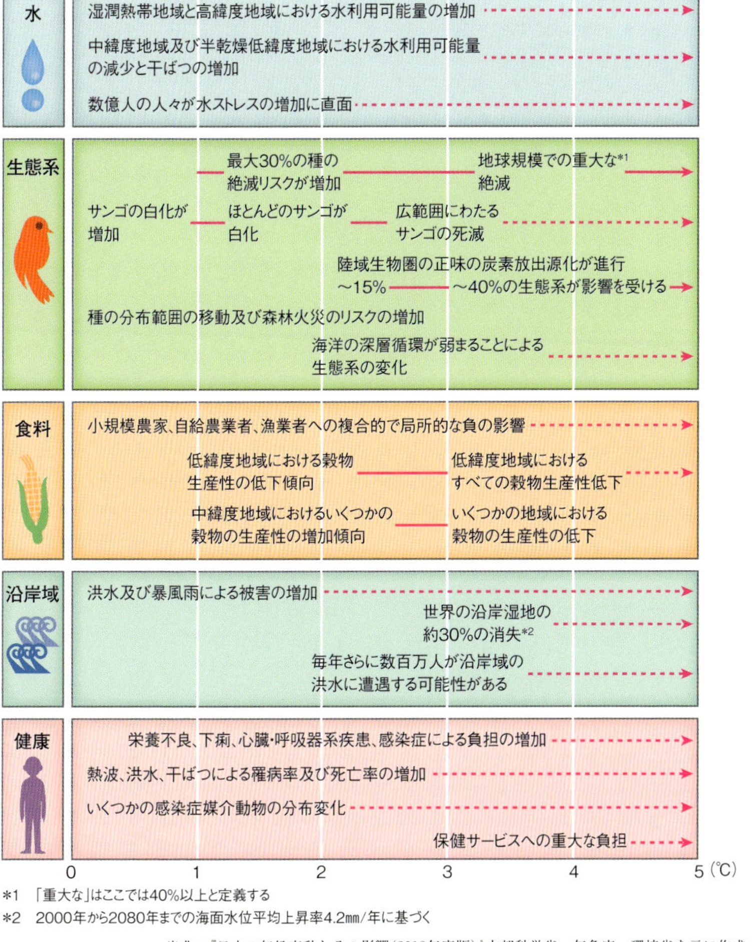

*1　「重大な」はここでは40%以上と定義する

*2　2000年から2080年までの海面水位平均上昇率4.2㎜/年に基づく

出典：『日本の気候変動とその影響（2012年度版）』文部科学省　気象庁　環境省を元に作成

実線は各影響のつながりを示す。点線は、気温上昇によりそれが継続することを示す。文章の左端が、その影響が出始めるおおよその気温上昇のレベルを示す。

かえって作物の品質低下にもつながります。たとえば、日本では記録的な高温の年に、米の内部が白く濁りました。また、果実も強い日射と高温で日焼けしたり、きれいに色づかなかったりします(P.41)。

気温が上昇すると蒸散量が増え、土の中の水分が減って結果として、収量が減ることもあります。ほか、気候変動によってそれまではいなかった害虫や雑草が生息し始めることも、農産物の生産性に影響することでしょう。

このように、地球温暖化は農作物の収量にプラスの影響もマイナスの影響も与えることがわかっています。日本の米の収量に関しては、北海道で増収に、南西日本では減収になりそうです。世界的に見ると、このまま地球温暖化が進めば、将来は減収に転じる可能性が高いと予測されています。しかし、種まきの時期を変えたり、品種改良をしたりと、さまざまな対策をとることで、減収から増収に転じることはできると考えられています。

熱に弱い家畜

畜産分野では、気温や湿度が家畜の成長に影響を及ぼすことがわかっています。記録的な暑い夏だった2010年では、日本の家畜の死亡が前年よりも多くなりました。死亡にまでは至らなくても、高温の条件下に飼育されていると、食欲が落ちたり、逆に体が多くの栄養を欲したりします。すると、成長が遅れたり、乳生産量が落ちたりするといった影響が現れるのです。高温による受胎率の低下も懸念されています。

水産では地球温暖化による生態系の変化で、魚の分布や回遊も変化します。地域によってはある魚種が大漁になり、また別の魚種は不漁になるなど、漁獲量や獲れる魚の種類が変化することでしょう。漁場が沖合になったり、魚が小型になったりすることも予測されています。

日本では、熱帯性の有毒プランクトンが瀬戸内海に出現し、それを食べた貝が有毒化した例も報告されていますが、海水温の上昇が続けばほかの地域でもこのような事例が増えてくるかもしれません。海洋の酸性化によって、サンゴや貝などの石灰化が阻害されるため、サンゴや貝類、稚魚の成育がさらに妨げられていくことも考えられます。

図04-05-02　水環境と水資源の分野で起こる気候変動の影響

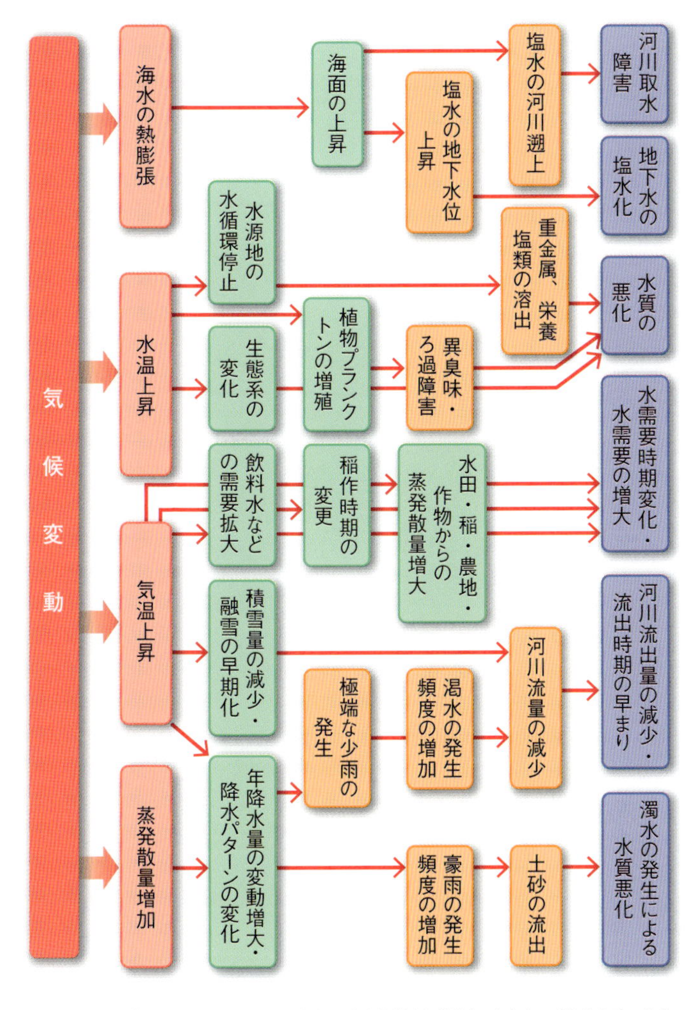

出典：『日本の気候変動とその影響(2012年度版)』文部科学省　気象庁　環境省を元に作成

水産業で特に地球温暖化の影響を受けるのが養殖業です。養殖は飼育域が固定されているので、海水温が飼育している魚の種類の適温を超えれば、魚の成長が妨げられたり、死滅したりすることもあるはずです。海水温の上昇に適応するため、熱に強い品種を作り出すことが必要になってくることでしょう。

人体への影響

地球温暖化は、人体にも影響します。まず、気温が上昇傾向にあることで、日本では近年熱中症で亡くなる人が増えています。特に都市化が進めば、都市では地球全体の気温上昇だけでなく、ヒートアイランド現象も加わるので、さらに気温が上昇することになります(図04-05-03)。

もうひとつ、気温が上がることで感染症のリスクが高まります。デング熱を媒介するヒトスジシマカの分布域は、年平均気温が11℃の地域とほぼ一致しているのですが、この分布域が年々北上しています(図04-05-04)。日本では、1950年ころは関東地方までしか分布していなかったのが、現在では東北地方北部にまで達しており、21世紀末には北海道の一部にまで分布域が広がるとの予測もあります。デング熱を媒介するもうひとつの種類の蚊であるネッタイシマカも、現在は日本には生息していませんが、今後は九州から関東地方の太平洋側に生息する可能性があります。

命には別条はありませんが、花粉症も気温と相関関係があります。さらに気温が上昇すれば、花粉の総飛散量が増え、新たに花粉症になる人が増えたり、花粉症が重症化したりするでしょう。

都市部では、光化学オキシダントの死亡リスクも増えます。光化学オキシダントは、天気がよく、風が弱くて気温の高い日に発生し、現在では主に夏場で発生します。しかし、地球の平均気温が上がれば、夏に限らず発生しやすくなるはずです。

用語解説

光化学オキシダント：車や工場などから排出される窒素化合物と炭化水素が、太陽光を浴びることで化学反応を起こして発生する。人体が濃度の高い状況にさらされると、目や鼻の痛み、吐き気などを感じる。

図04-05-03　熱中症による年間死亡者数の推移

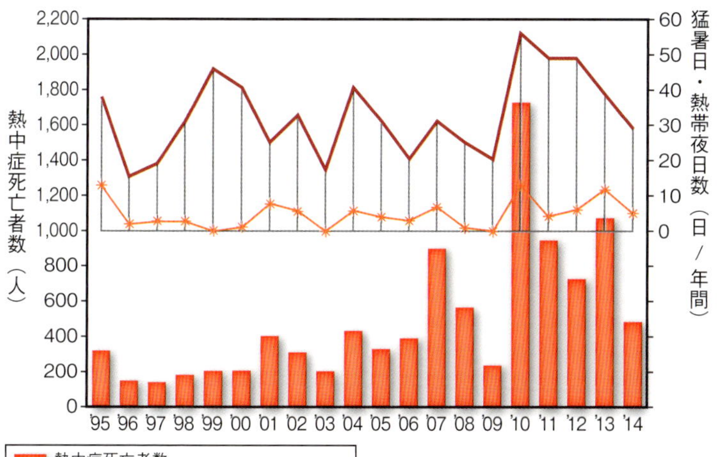

(注)熱中症死亡者数は厚生労働省調べ（14年は6〜9月）、
熱帯夜・猛暑日は気象庁調べ。
(資料)東京新聞大図解 2011.6.12、人口動態統計

出典：『日本の気候変動とその影響』文部科学省　気象庁　環境省を元に作成

図04-05-04　ヒトスジシマカの分布の推移

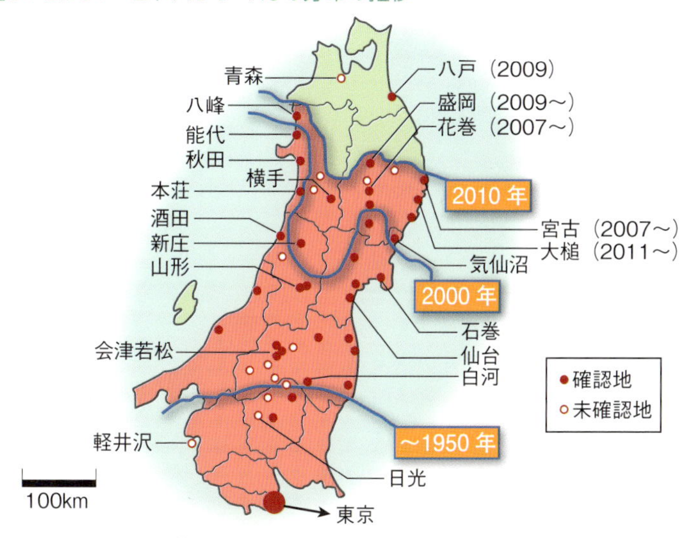

出典：『日本の気候変動とその影響（2012年度版）』文部科学省　気象庁　環境省を元に作成

それでは、年平均気温が上がり、冬の寒い日が減ると、凍え死ぬ人が減るなど、人類の生存にメリットをもたらすのでしょうか。残念ながら、暖冬はさほどメリットをもたらさないことがわかっています。というのも、冬に人が死亡する大きな原因はインフルエンザなのですが、冬の気温が高くなっても、インフルエンザの流行への影響は小さいと考えられているからです。

貧富の差が拡大する

気候変動によって水環境が変化したり、一次産業の収量が変化したりすると、一番打撃を受けるのは貧しい人たちです。というのも、貧しい人たちの多くは低地や埋立地に住んでいることが多く、そのような土地は洪水や高潮などで住居や農地の被害に遭いやすいからです。

また、発展途上国では、河川の治水対策や農業技術などが気候変動による環境の変化に耐えうるものにはなっていません。食糧不足によって食料の価格が高騰すれば、貧しい人々が食べ物を手に入れることがさらに難しくなります(図04-05-05)。

このようにして、気候変動が起きると、間接的に貧富の差が開いていき、貧しい人々や発展途上国はストレスを募らせます。これ

図04-05-05 気候変動によって各地域で予測される影響の事例

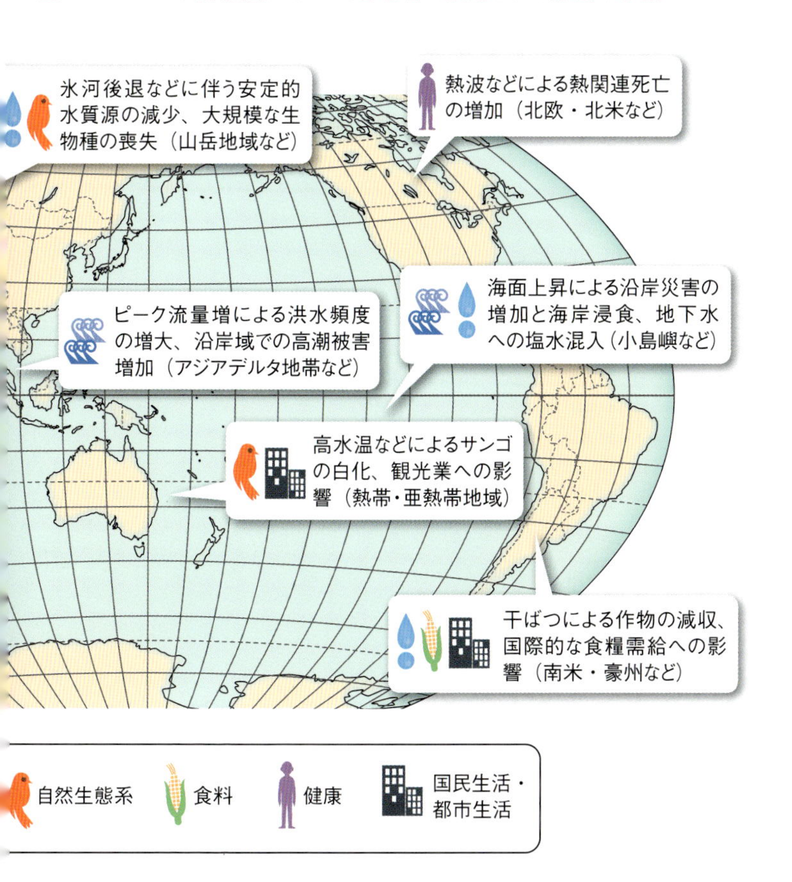

出典：『日本の気候変動とその影響（2012年度版）』文部科学省　気象庁　環境省を元に作成

が後々暴動や紛争を引き起こすことにもつながっていきかねません。ですから、せめて人間の活動が原因となる地球温暖化だけはなるべく食い止めるように世界中が一丸となって努力していかなければいけないのです。

未来の地球をとりもどす取組み①
緩和策と適応策

地球温暖化対策は2つある

地球温暖化対策は、大きく2つに分かれます。ひとつは、温室効果ガスを大気中に排出する量を削減する「緩和策」で、もうひとつは、地球温暖化による悪影響に対して備えたり、新しい気候条件を上手に利用したりする「適応策」です(図04-06-01)。

大気中の温室効果ガスを減らす緩和策

緩和策には、温室効果ガス排出量そのものを減らす方法と、大気中になるべく温室効果ガスを排出しない方法があります。

前者は省エネルギー対策や再生可能エネルギーの普及拡大で、こちらについては、P.170でくわしく説明します。

後者については、化石燃料から炭素分を除去したり、化石燃料を燃やした後に出る排気ガスからCO_2を取り除いて隔離したりする技術で、現在開発が進んでるところです(図04-06-02)。

新しい気候に合わせる適応策

適応策に関しては、まずは農作物や木材、水産物、家畜などが温暖化した地球でも育つように品種改良することが挙げられます(図04-06-03)。また、農業分野では高温障害を防ぐため、田植えの時期を遅らせたり、干ばつに悩む国では、農家に補助金を出すなどして、雨の多い地域に作付地域を移転させたりしています。気候になるべく依存せず農作物を生産できる植物工場を導入するのも適応策のひとつです。

海水面の上昇に対する適応策としては、堤防工事を行ったり、高床式の建物を建てたりして、被害を抑える工夫が挙げられます。ツバルでは、マングローブの苗木を植えて国土の侵食を防ぎ、生物多様性を育む工夫もなされています。頻発する気象災害に対しては、いち早く警戒態勢をとれる予報システムを導入すれば、災害による被害を防ぐことができるでしょう。

図04-06-01　2つの地球温暖化対策

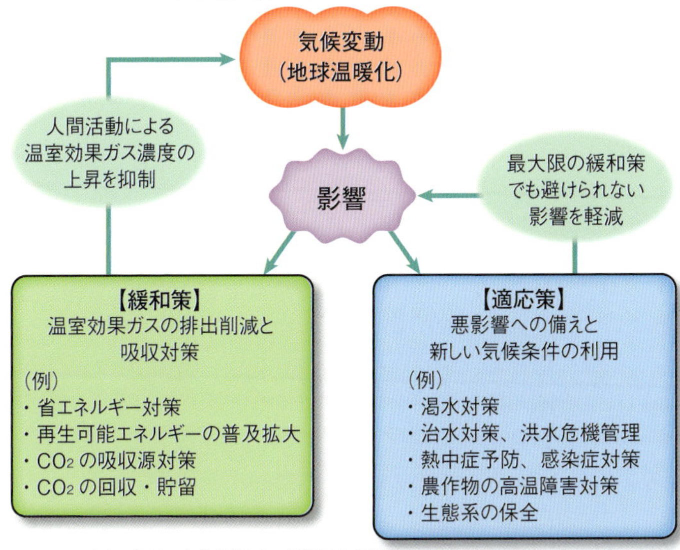

出典：『日本の気候変動とその影響(2012年度版)』　文部科学省 気象庁　環境省を元に作成

図04-06-02　CO_2の回収・貯留技術

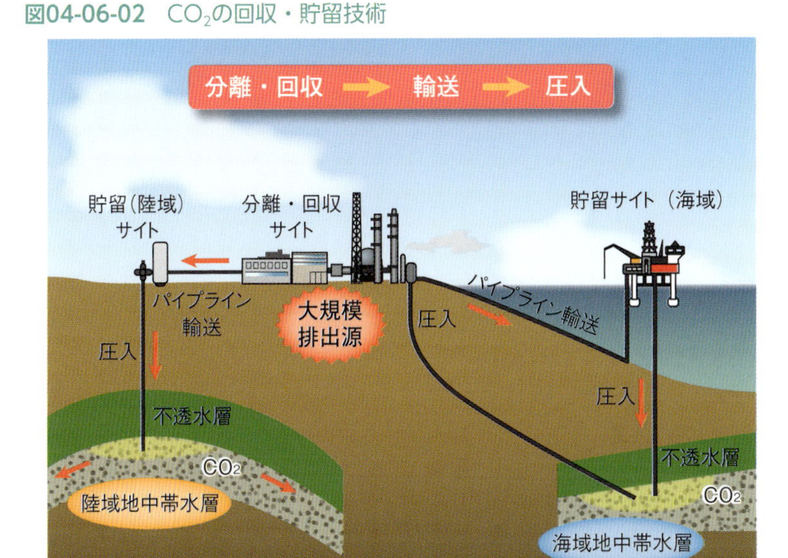

出典：『図説　地球環境の事典』 吉田正憲・野田彰　編集代表/朝倉書店を元に作成
ただしこの図は、「山地憲治,2006：エネルギー・環境・経済システム論,岩波書店」より引用

注目の高まる適応策

適応策は、最近になってその重要性が注目されています。というのも、計画的に適応策を行えば、行わない場合よりも地球温暖化によって起こった災害や食糧難などの被害を抑えられることがあるからです。

たとえば、海面上昇を考えずにリゾート開発を進めて、いざ高波被害が出てから防波堤を建設するよりも、あらかじめ高波被害が出そうな場所は開発せず、より被害の出にくい場所を開発したほうが結果的にコスト削減につながります。たとえリゾート開発地を移転しなくても、最初から防波堤を作っておけば、現在の気候のもとで時々発生する気象災害の被害を軽減できます。

削減だけではなく適応も大切

IPCC第五次評価報告書によると、地上気温や降水量、海面pH、海面水位、海氷面積などの各項目において、2050年までは、各シナリオの差はさほど大きくはありません。しかし、2100年になると、RCP2.6とRCP8.5では大きく差が開くことがわかります。

RCP8.5で将来の変化が大きくなることは明らかですが、RCP2.6であっても、地球温暖化を食い止めることはできません。ということは、やみくもに温室効果ガスを削減するだけだと、「あれだけがんばったのに、結局被害が出るんだから、がんばった意味がないんじゃないか」という不満が出やすくなるということです。ですから、地球温暖化によって起こる被害を最小限に抑える適応策が必要なのです(図04-06-04)。特に地球温暖化による被害が深刻になりがちな発展途上国では、適応策が有効となります。それは、適応策をとれば、農業生産が近代化できるなど、途上国の経済発展と両立させることが可能だからです。すると、将来たとえ予想ほどは地球温暖化が進まなかったとしても、後悔しなくて済むだけのメリットを適応策はもたらすことができるということです。

各シナリオの描く将来を見ると、顕著な変化が起きる地域とそうでない地域に分かれます。特に、RCP8.5でその傾向が強くなります。顕著な変化が起こる地域では、特に温室効果ガスの削減と、地球温暖化の適応策をしっかりと行う必要があるといえるでしょう。

図04-06-03　産業での適応への取り組み

鶏は暑さに弱く、地球温暖化によって、産卵率の低下や卵の品質の悪化、死亡率の増加が深刻な問題になっている。そこで、和歌山県畜産試験場養鶏研究所では、夏の暑さに強い採卵用の鶏の開発に取り組んでいる。和歌山県の特産品である山椒の種などの抗酸化作用の強い素材をエサにすることで、卵の生産性向上の効果が期待できることがわかってきた。

写真提供：和歌山県畜産試験場

図04-06-04　適応策の例・緑の回廊

出典：林野庁HPを元に作成

保護林を連結して「緑の回廊」を作ると、より冷涼な気候を求めて野生動物が移動しやすくなる。また、緑の回廊を作ることで、動物や植物が相互に交流することができ、種の保全や遺伝的な多様性を確保することも可能になる。

未来の地球をとりもどす取組み②
エネルギー対策

省エネは有効な地球温暖化対策

地球温暖化の進行がなるべくゆるやかになるように、世界各国では温室効果ガスの排出量を積極的に削減していく動きが進んでいます。いくつかの対策のうちのひとつが、省エネです。石油や石炭、天然ガスなどの化石燃料の使用量を抑えれば、温室効果ガスの排出量を抑えられます。

また、電気の省エネも大切です。日本をはじめ、多くの国では火力発電由来の電力量の割合が高く、火力発電では化石燃料を使うからです。

企業や家庭で進む省エネ

日本では、CO_2排出量の約４割は工場から排出されます。そこで、製造業における工場の機械や設備を省電力のものや廃熱を使用するものに変えたり、製造方法を工夫したりして、エネルギー使用量を抑えるようにしています。

次に多いのが、オフィスや家庭からの排出で、約３割を占めています。家庭やオフィスの省エネ対策としては、省エネ型エアコンの導入や、設定温度を見直すことで消費電力をカットしたり、白熱電球に代わって消費電力の少ないLED電球を導入したりすることが挙げられます(図04-07-01)。また、待機電力が少なくなるように設計された家電も次々と登場していますし、建物の断熱機能や気密性能を高めて冷暖房の需要が少なくなるようにするのも省エネ対策として有効です。そのほか、クールビズやウォームビズ、スイッチはこまめに切る、コンセントを抜く、エレベーターではなく階段を使うなどの日常の節電活動も奨励されています。

用語解説

ヒートポンプ：空気中などから熱をかき集めて、大きな熱エネルギーとして利用する技術のこと。省エネ技術として、エアコンや冷蔵庫などで利用されている。

図04-07-01　ヒートポンプの仕組み

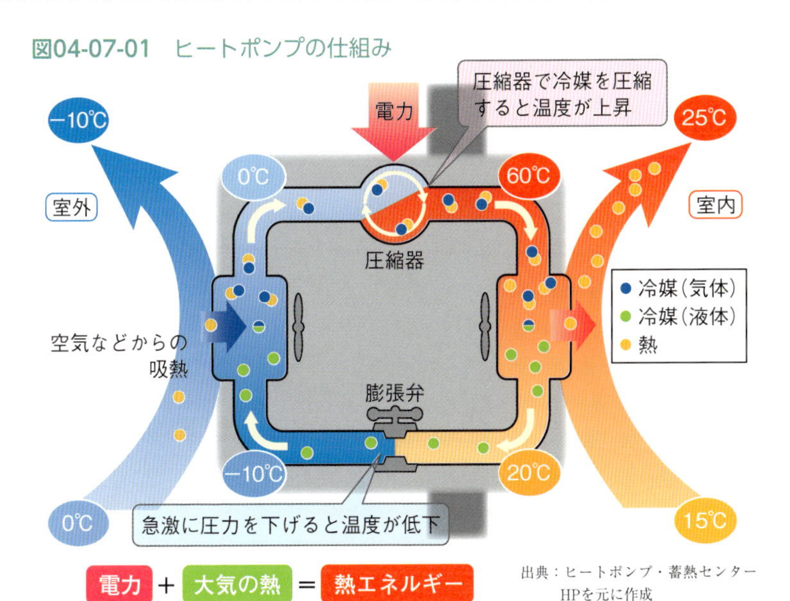

出典：ヒートポンプ・蓄熱センター
HPを元に作成

エアコン、冷蔵庫などに利用されるヒートポンプは、エネルギー効率をよくし、CO_2の排出量を削減できる省エネ技術のひとつ。

図04-07-02　日本のエネルギー効率

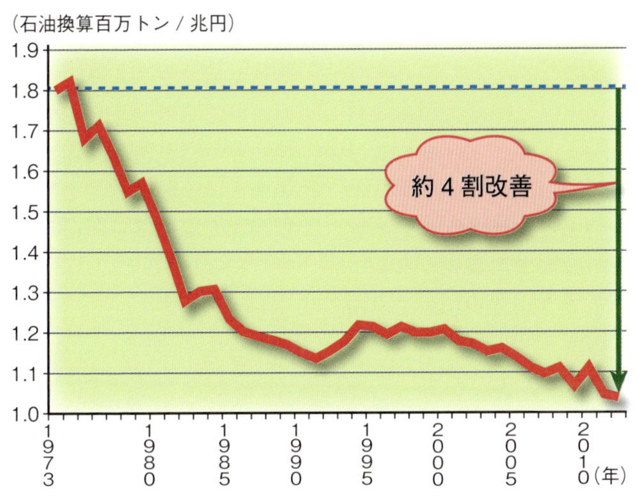

出典：総合エネルギー統計、国民経済計算年報を元に作成

交通機関の省エネも

自動車などの交通機関からのCO_2排出も見逃せません。こちらは、CO_2排出量の約2割を占めています。物流を効率化することはもちろん、プラグインハイブリッド車や電気自動車を導入することが省エネ対策として有効です。また、公共交通機関の利用や、運転の工夫でCO_2の排出を抑えるエコドライブなども奨励されています。

省エネは地球温暖化を抑制するだけではなく、企業や家庭でエネルギーのコストを下げるというメリットもあるため、日本では順調に進んでいます。1973年から2012年までの約40年間で、エネルギー効率は約4割も改善され、日本は世界的にも最高水準のエネルギー効率を実現しました(図04-07-02)。ただし、1980年代後半以降は、効率改善のスピードが伸び悩んでいます。2050年になったときに、今のスピードで省エネ化を進めるのでは少し物足りない状態なので、多少省エネ化のアクセルをふむ必要がありそうです。

再生可能エネルギーの推進

CO_2の排出を削減するために、石油やガス、石炭などの化石燃料から得られるエネルギーに代わって、太陽光や風力、地熱などの自然から生み出される再生可能エネルギーを積極的に利用する動きも進んでいます。再生可能エネルギーは、化石燃料と違ってほとんど枯渇する心配がないのも魅力です。日本では2003年の「電気事業者による新エネルギー等の利用に関する特別措置法」や2009年の「太陽光発電の余剰電力買収制度」などの政策によって、再生可能エネルギー設備の導入量は増えてきています。

特に、2012年7月には「再生可能エネルギーの固定価格買取制度(FIT)」がスタート。これは、国が定める期間に電気事業者が一定の価格で再生可能エネルギーで発電された電気を全量買いとるよう義務付けた制度のことです。これがきっかけで、再生可能エネルギーの導入は格段に速度を増し、特に太陽光発電と風力発電に関しては、おおいに普及しました。

進まない日本の再生可能エネルギー開発

とはいえ、日本は先進国にくらべると、発電電力量に占める再生可能エネルギーの割合は、まだま

図04-07-03　再生可能エネルギーの各国比較

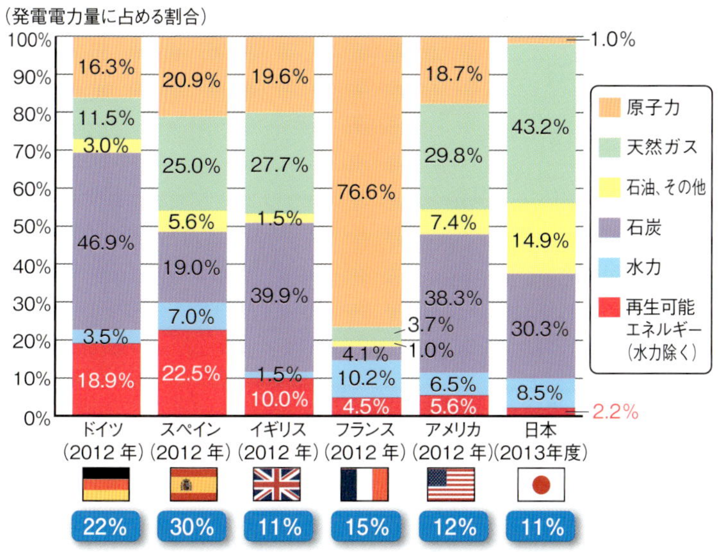

出典：資源エネルギー庁HPを元に作成

図04-07-04　太陽熱発電の仕組み(タワートップ式)

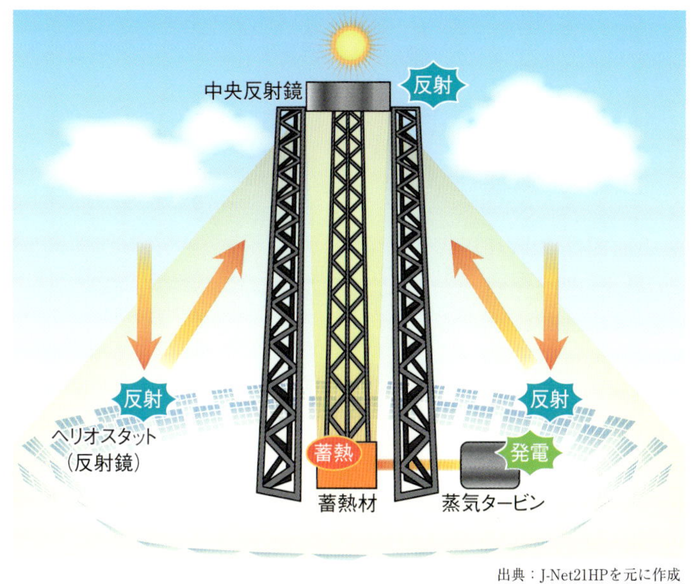

出典：J-Net21HPを元に作成

だ少ないです(図04-07-03)。

太陽光発電については、FITが始まって以降、住宅用とともに、空き地などにまとまって設備を導入するメガソーラーの普及が進んでいます。現在では太陽光発電と太陽熱発電のハイブリッド型の発電設備ができたことで、住宅で太陽光発電とともに太陽熱給湯の普及も進みつつあります。太陽熱発電というのはあまり聞かないキーワードですが、太陽の熱で水を沸騰させ、蒸気でタービンを回して発電する方法です(図04-07-04)。太陽光発電と違い、蓄熱設備を備えていれば夜でも発電できるので、太陽光発電と組み合わせれば効率よく発電ができるというメリットがあります。

日本では少ない発電所の適地

風力発電と地熱発電については、発電所の設置に適した場所が少ないことが普及の進まない原因です。

たとえば、風力発電の適地は風がよく吹いて広い土地なのですが、そのような陸地は国立公園や森林、農地など立地規制のある地域が多く、普及が進まない要因のひとつになっています。そこで、国立公園などの規制を緩和し、発電所を建設できるようにしようという話も検討されています。

また、陸地がダメなら、海上に設置しようという動きもあります。海底に風力発電所を設置する「着床式(ちゃくしょうしき)」を中心に導入を進めようとしていますが、漁業権との兼ね合いや、建設コスト、台風や大波の際の安全性などの課題があってなかなか設置が進みません。最近は沖合に風力発電所を浮かべる「浮体式(ふたいしき)」の導入に向けて、技術開発を始めています(図04-07-05)。

地熱発電も発電所の適地が国立公園や温泉地にあります。地中から蒸気や熱水を汲み上げて発電所を作らなければいけないため、温泉の湯量が変化する可能性もあり、観光産業からの反対が大きいのが現状です。こちらもなかなか普及が進みませんが、熊本県小国町など、一部の温泉地では地熱発電に積極的な自治体もあります。

地中熱にも注目

地熱ではなく、「地中熱」を利用する動きも広がってきています。地中10mよりも深い場所の地温は年間を通じて変わらないため、地上と地中では冬と夏に10〜15℃ほどの温度差が生じます。この温

図04-07-05　洋上風力発電設備

着床式

撮影：日本風力エネルギー学会　永尾徹

浮体式

度差を冷暖房や道路の融雪に利用すれば、省エネになるというわけです。

地中熱を利用した冷暖房は、従来のエアコンよりもエネルギー効率がよいのも魅力です。また、エアコンのように熱を外に出さないので、ヒートアイランドにもなりにくいというメリットがあります。

ただし、デメリットは設置コストの高さです。地中熱ヒートポンプの設備は、地中に埋める必要があるのですが、日本では穴を掘るコストがほかの国とくらべて割高です。これがネックとなって北欧やドイツほど普及が進んでいません(図04-07-06)。

世界を見渡すと、イギリスのCAT(代替技術研究所)のように、再生可能エネルギーで使用エネルギーのほとんどをまかなっている施設はあります。つまり、再生可能エネルギーだけで生活することのできるシステムはすでに世の中に出ているということです。再生可能エネルギーがもっと普及するためには、蓄電池の技術開発と価格低下も重要といわれています。これについても現在研究開発が進められているところです。

CAT：Centre for Alternative Technologyの略。イギリスのウェールズ中部にあり、採石場の跡地に設立された。自給自足をめざし、持続可能な新しい技術とライフスタイルを展開する共同体として始まり、現在では調査や研究、ビジターセンターや観光、一般向けへの教育などの活動を行っている。

図04-07-06　地中熱ヒートポンプの仕組み

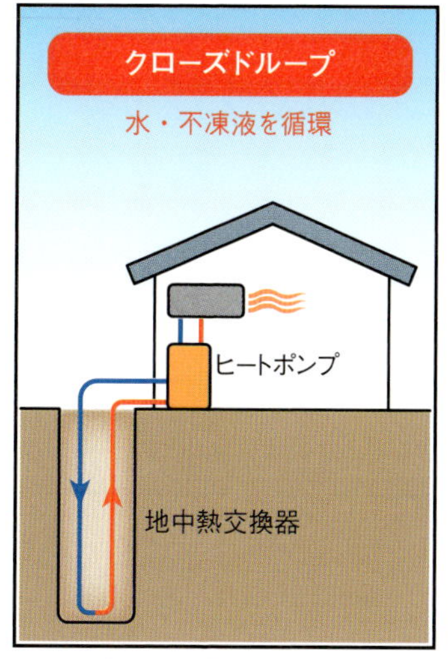

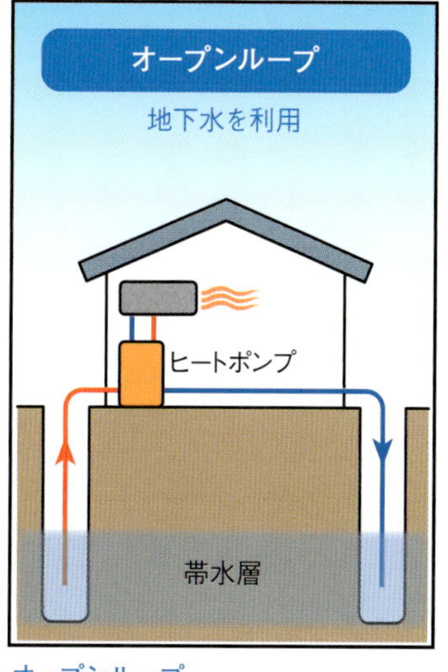

クローズドループ
地中熱交換器の中で水や不凍液を循環させ、汲み上げた熱をヒートポンプで必要な温度に変換する。メンテナンスがほとんど必要ないのでさまざまな設備に適用でき、住宅やプール、融雪に適用されている。

オープンループ
汲み上げた地下水の熱を地表にあるヒートポンプで取り出す方式。クローズドループとくらべて経済性に優れるが、井戸の中で目詰まりを起こすことがあるので、システムのメンテナンスが必要。比較的規模の大きな施設に適用される。

出典：地中熱利用促進協会HPを元に作成

未来の地球をとりもどす取組み③

国内政策や国際協力

日本や世界の政策

温室効果ガスを削減しようといくら声高に政府が叫んだところで、実効力がなければ意味がありません。そこで、世界各国の政府はCO_2の排出量に応じて税金をかける「炭素税」を導入したり、CO_2の排出削減活動に対して補助金を与えたりすることで、企業や個人が積極的に温室効果ガスを削減できるような政策を導入しています。補助金や炭素税などを導入すれば、企業は省エネ投資に費用がかかっても、省エネの結果炭素税の納税額が減るので、企業の省エネへの取り組みが積極的になりますし、消費者は少し割高でも環境配慮型の製品を購入しようという意欲を持つことができます。

補助金を出してCO_2削減

補助金の政策は、再生可能エネルギーを普及させるための短期の政策として有効です。日本で進められている補助金の施策について知られているのは、環境に負担をかけないグリーン家電の購入を促進する「家電エコポイント制度」や、低燃費車を購入すると減税される「エコカー減税」などの制度でしょう。これらの製品を格安で入手でき、実際に使う機会があれば、普及が進みやすくなります。

ただ、今まで自動車を買わなかった人たちが補助金で低燃費車を購入したら、全体としては自動車の走行台数が増え、かえってCO_2が増えてしまうかもしれません。また、補助金を与え続けると、政府の財政が苦しくなることも補助金型施策のデメリットです。

CO_2排出量に課税する炭素税

一方、石油や石炭、天然ガスなどのすべての化石燃料を利用する際に発生したCO_2の排出量に応じて税金をかける炭素税は、税収で省エネルギー対策や再生可能エネルギーの普及、化石燃料のクリーン化や効率化などの政策を実施していくために使うことができます。

図04-08-01　国内排出量取引制度の仕組み

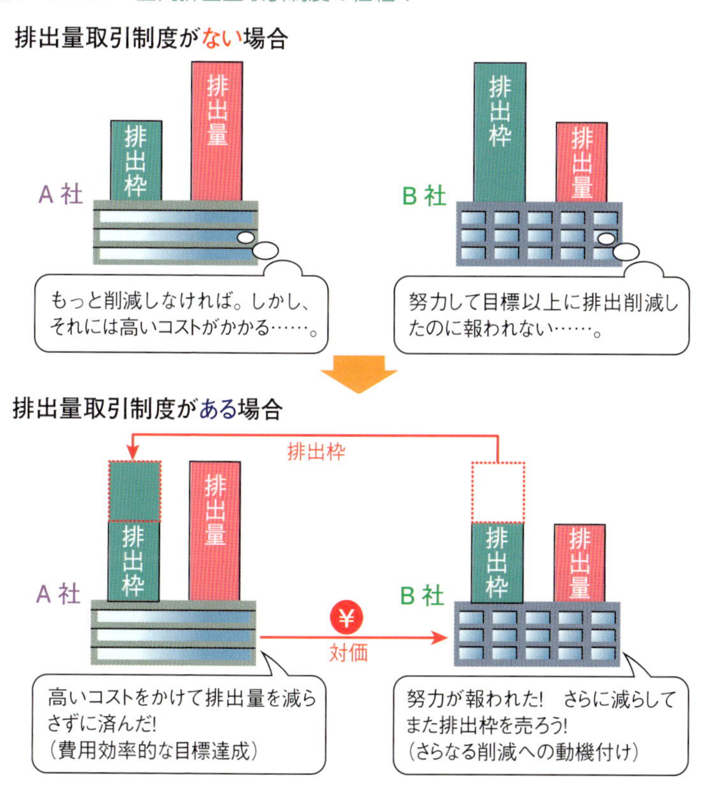

出典：パンフレット『STOP　THE　温暖化2012』環境省　地球環境局　企画を元に作成

業種により温室効果ガスを具体的に減らしやすい企業とそうでない企業があるという前提に基づき、前者に属するB社は排出量削減の努力がわかりやすい形で報われ、後者に属するA社は業績を大幅に下げる必要がなくなるというメリットがある。国レベルで、2008年から2012年まで試行的に実施された。

補助金型の政策とくらべて、長期的にCO_2の排出量の少ない低炭素社会を構築していくことができる政策となります。

日本での炭素税の導入は、2012年10月１日から「地球温暖化対策のための税」という名前で段階的に施行されています。2012年度ではこの税制によって391億円、2016年度以降は毎年2623億円の税収が見込まれています。

環境配慮型の製品の普及が進むだけでなく、CO_2の排出量の多い産業の比率も減るので、社会全体で低炭素化するというメリットもあります。

とはいえ、政府のCO_2排出削減目標を達成するために、炭素税の税額を正確に設定することが難しいため、炭素税の導入だけではCO_2排出量の削減に関しては不完全なのが現状です。また、炭素税を導入しやすい国と導入しにくい国があるので、世界一律で炭素税を導入するのも現実的ではありません。不況が続く今の日本では、企業の負担が増える炭素税は導入しにくいといえるでしょう。

CO_2排出量を取引する方法

もうひとつの大きな方法は「排出量取引」という考え方です。各企業は「排出枠(クレジット)」という温室効果ガスを排出できる量を設定し、その排出枠を超えて排出してしまった企業は、排出枠より実際の排出量が少なかった企業から排出枠を買うことができるという制度です(図04-08-01)。こちらは、単に排出量を規制する政策と違い、企業がCO_2削減のための負担を最小限に抑えられるというメリットがあります。しかし、炭素税と違い、排出枠の価格が需給バランスによって上下するのがネックです。もし、排出枠の価格が下落すれば、企業は排出枠を売ってまで排出量を削減するために設備投資しようとはしなくなってしまいます。

また、排出量取引とよく似た取り組みに「カーボン・オフセット」があります。こちらは、国民や企業が、自らの出す温室効果ガスに責任を持つという考えに基づき、他者が行う温室効果ガスの排出削減活動に投資することで、自らが削減しにくい温室効果ガス排出量を埋め合わせます(図04-08-02)。

このように、CO_2排出量を削減するための政策にはさまざまなタイプがあり、どれもメリットとデメリットがあります。これらを吟

図04-08-02　カーボン・オフセットの仕組み

①

家庭やオフィス、移動（自動車・飛行機）での温室効果ガス排出量を把握する。

②

省エネ活動や環境負荷の少ない交通手段の選択など、温室効果ガスの削減努力を行う。

③

削減が困難な排出量を把握し、ほかの場所で実現したクレジットの購入またはほかの場所での排出削減活動を実施。

④

対象となる活動の排出量と同量のクレジットで埋め合わせ（相殺）する。

出典：パンフレット『STOP　THE　温暖化2012』環境省　地球環境局　企画を元に作成

ヨーロッパやアメリカ、オーストラリアで活発に取り組まれている制度で、日本でも民間での取り組みが広がりつつある活動。たとえば、旅行で飛行機を使うときに、旅行料金に飛行機での温室効果ガス排出量に応じた上乗せ料金を払うなどといった活動を行う。環境省は2008年から普及のために積極的に取り組んでいる。

味しながら、企業や個人の負担にならないようにCO_2排出量の少ない社会を実現することが求められています(図04-08-03)。

国際協力による取組み

ひとつの国がいくらがんばって温室効果ガスの排出を抑えても、ほかの国がそれより多くの温室効果ガスを排出していたら、地球温暖化は解決しません。そこで、全世界で協力をしながら、地球全体の温室効果ガスの削減に取組む必要があります。

地球温暖化対策に関する国際協力の取組みのひとつが、1997年に採択された「京都議定書」で規定されたCDM(クリーン開発メカニズム)という措置です。これは、先進国が途上国に対して、裸地に植林するなどのCO_2の削減・吸収プロジェクトを行った際に、それによって得られたCO_2の削減量や吸収量を自国の削減量や吸収量としてカウントする仕組みです(図04-08-04)。

ただ、このCDMは問題があり、温室効果ガスの削減量は何を基準にするのかなどがクリアに決まっていません。また、排出枠(CER)の審査プロセスは非常に厳しく、審査に5～6年かかることが多いのもネックです。CDMにはビジネスが関わっているので、審査を待っているとビジネスが円滑に進まないからです。

こういった事情もあり、CDMは当初の予想どおりには浸透していません。そこで、今世界の先進国の多くは、CDMの発展的なメカニズムを導入しようとしています。日本では、JCM(Joint Crediting Mechanism)という二国間オフセット・クレジット制度を推進しています。これは、日本とベトナム、日本とインドネシアなど、二国間で行う方法で、日本とアジア各国との関係をうまく使えるというメリットがあります。

なお、JCMは、2015年末に行われたCOP21での安倍首相のスピーチで強調され、受け入れられました。また、COP21の会合期間中にJCMに署名した16か国が一堂に会し、今後も引き続きJCMを実施することなどが表明されました。

用語解説

COP：締約国会議(Conference of the Parties)の略。本書で述べるCOPとは、気候変動条約のもとで条約加盟国が物事を決定するための最高決定機関のこと。2015年にパリで開催されたCOP21でパリ協定が採択された。

図04-08-03　排出量取引とカーボンオフセットの違い

排出量取引　→売買することが目的

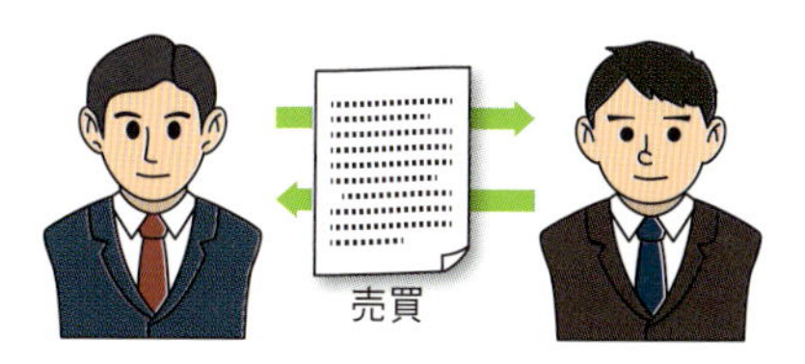

カーボン・オフセット　→無効化し、埋め合わせることが目的

出典：株式会社リサイクルワンHPを元に作成

排出量取引とカーボン・オフセットはよく似ているが違う。排出量取引では、排出枠を金融資産として売買する。一方、カーボン・オフセットでは、ある活動で排出した温室効果ガスの排出量と同量の排出枠を購入することで他者に転売できないように無効化する。

図04-08-04　CDMの仕組み

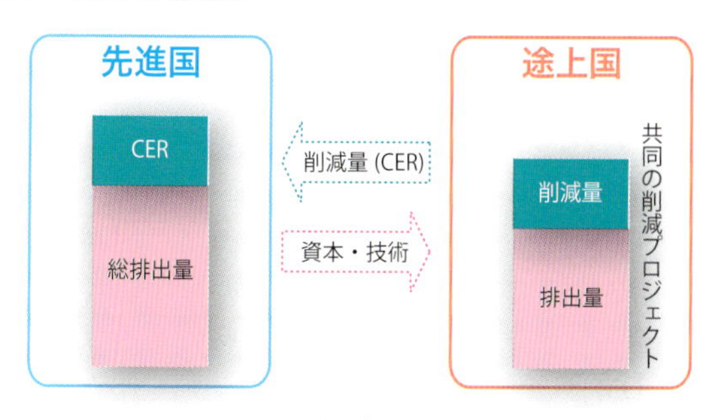

出典：京都メカニズム情報プラットフォームHPを元に作成

途上国で地球温暖化対策のプロジェクトを行ったときに、そのプロジェクトを実施しなかった場合と比べてCO_2をより排出削減できた場合、その排出削減量に対してCER（クレジット）が発行される。プロジェクトの実施によって得られたCERを先進国の排出削減目標達成に用いることができる。

おわりに

ある異常気象が起こったときに、背景にある地球温暖化がどの程度影響しているかを科学的に特定するのは、実は大変難しい問題です。本書では、なんでも地球温暖化のせいにして不安をあおるようなことはせず、わかっていないことはわかっていないと正直に伝え、地球温暖化との関連が薄い異常気象に関しては、そのようにはっきり伝えるよう心がけました。また異常気象や地球温暖化というと気の重たくなるような話題なのですが、顕微鏡や望遠鏡を使わず、わたしたちが直接目にする現象のメカニズムを科学的に解明するという、学問的に興味深いテーマでもあります。話は変わりますが、サッカーの日本代表監督を一時期務めたイビチャ・オシム氏の名言の一つに、「恐れるな、考えよ。」という言葉があります。世界の強豪から見れば決して強いとは言えない日本代表が、自分より格上の相手に対するとき、相手を恐れるだけでなく、分析してどのようにすれば勝つ可能性が少しでも高まるか、それを考えよ、という意味だと思うのですが、これは異常気象や地球温暖化への対策に取り組むときにもあてはまる言葉です。これだけ科学が発達した現在でも、台風を人間が制御することは不可能ですし、地球温暖化の抑制には多大な努力が必要です。本書で述べられた科学的背景や社会的取り組みに関する知識が、こうした「難敵」に対し、ただ恐れるだけでなく、冷静に考えるための材料となれば、私たちにとってこれほどうれしいことはありません。

海洋研究開発機構　河宮未知生

索引

サ行

タ行

ナ行

ハ行

マ行

ヤ行

ラ行

●参考文献

『IPCC 第五次評価報告書』IPCC(気候変動に関する政府間パネル)編
『気候変動 2014 IPCC 第五次評価報告書 政策決定者向け要約』IPCC(気候変動に関する政府間パネル)編
『気候変動に関する政府間パネル(IPCC)第五次評価報告、第1作業部会 気候変動の自然科学的根拠 ビジネス向け要約』
『気候変動に関する政府間パネル(IPCC)第五次評価報告(AR5)ビジネスへの合意』
『異常気象と地球温暖化——未来に何が待っているか』鬼頭昭雄(岩波新書)
『地球温暖化の事典』独立行政法人国立環境研究所地球環境研究センター 編著(丸善出版)
『気象の図鑑(まなびのずかん)』筆保弘徳(著/監修)、岩槻秀明・今井明子(著)(技術評論社)
『図説 地球環境の事典』吉崎正憲・野田彰 編集代表(朝倉書店)
『地球温暖化 そのメカニズムと不確実性』公益社団法人日本気象学会地球環境問題委員会(編集)(朝倉書店)
『ココが知りたい地球温暖化』独立行政法人国立環境研究所地球環境研究センター(編著)(成山堂)
『図解雑学　異常気象』保坂直紀(著)、植田宏昭(監修)(ナツメ社)
『日本の気候変動とその影響(2012 年度版)』文部科学省 気象庁 環境省
『地球環境変動の生態学』日本生態学会(編集)、原登志彦(編集)(共立出版)
『一般気象学』小倉義光(著)(東京大学出版会)
『日本の天気 その多様性とメカニズム』小倉義光(著)(東京大学出版会)
『異常気象と気候変動についてわかっていることいないこと』筆保弘徳(著)、川瀬宏明(著)、梶川義幸(著)、高谷康太郎(著)、堀正岳(著)、竹村俊彦(著)、竹下秀(著)(ベレ出版)
『STOP THE 温暖化 2012』環境省
『STOP THE 温暖化 2015』環境省
『地球温暖化から地球を守る適応への挑戦 2012』環境省
『気候変動適応策のデザイン』太田俊二・武若聡・亀井雅敏(編)、三村信男(監修)(クロスメディア・マーケティング)
ほか、関連 URL 参照

●監修者紹介

河宮未知生（かわみや・みちお）
国立研究開発法人海洋研究開発機構・統合的気候変動予測研究分野分野長。愛知県生まれ。東京大学大学院博士課程修了。東京大学研究員、独キール海洋学研究所研究員などを経て現職。
P16 ～ 19、P30 ～ 35、P46 ～ 51、P60 ～ 67、P146 ～ 149

立入郁（たちいり・かおる）
国立研究開発法人海洋研究開発機構・統合的気候変動予測研究分野分野長代理。筑波大学博士研究員、長崎大学助手、カナダ・ブリティッシュコロンビア大学客員研究員などを経て現職。博士（農学）。
P16 ～ 19、P30 ～ 35、P46 ～ 51、P60 ～ 67、P146 ～ 149

鈴木立郎（すずき・たつお）
群馬県生まれ。北海道大学大学院地球環境科学研究科修了、博士（地球環境科学）。ハワイ大学ポスドク研究員などを経て、現在、国立研究開発法人海洋研究開発機構・技術研究員。2015 年より、世界気候計画 CLIVAR（気候と海：その変化・変動・予測可能性）太平洋パネルメンバー。
P16 ～ 19、P30 ～ 35、P46 ～ 51、P60 ～ 67、P146 ～ 149

塩竈秀夫（しおがま・ひでお）
国立環境研究所地球環境研究センター主任研究員。IPCC 第5次報告書執筆貢献者。Detection and Attribution Model Intercomparison Project 共同議長。
P16 ～ 19、P46 ～ 51、P52 ～ 59、P74 ～ 79、P88 ～ 95

竹見哲也（たけみ・てつや）
神奈川県生まれ。京都大学大学院地球惑星科学専攻修了、博士（理学）。大阪大学工学部助手、東京工業大学講師を経て、現在、京都大学防災研究所准教授。日本気象学会英文誌 SOLA 編集長。
P20 ～ 23、P98 ～ 133、P150 ～ 153

阿部彩子（あべ・あやこ）
東京大学大気海洋研究所准教授。東京大学理学部卒業。東京大学大学院理学系研究科地球物理学科修士課程修了。チューリッヒ連邦工科大学で博士号取得。理学博士。東京大学気候システム研究センター（現・大気海洋研究所）助手を経て現職。
P24 ～ 29、P52 ～ 59

羽島知洋（はじま・ともひろ）
国立研究開発法人海洋研究開発機構 統合的気候変動予測研究分野に所属。東京大学大学院で学位（農学）を取得後、日本学術振興会特別研究員を経て現職。
P36 ～ 43、P68 ～ 73、P80 ～ 87、P154 ～ 157

高橋潔（たかはし・きよし）
国立研究開発法人国立環境研究所社会環境システム研究センター主任研究員。山形県生まれ。京都大学工学部衛生工学科卒業。博士（工学）。IPCC 第４次ならびに第５次評価報告書代表執筆者。
P136 ～ 149、P158 ～ 169

芦名秀一（あしな・しゅういち）
青森県生まれ。東北大学大学院工学研究科技術社会システム専攻修了、博士（工学）。国立研究開発法人国立環境研究所社会環境システム研究センター主任研究員。専門は機械・システム工学。
P170 ～ 183

●著者　今井　明子
サイエンスライター。気象予報士。2001年京都大学農学部卒。科学雑誌やWEBサイト、単行本を執筆。著書に『気象の図鑑』（技術評論社、共著）がある。
●作図&イラスト　片庭稔、ジーグレイプ株式会社
●編集&DTP　ジーグレイプ株式会社

異常気象と温暖化がわかる
どうなる？　気候変動による未来

2016年6月25日　初版　第1刷発行

監修者　河宮　未知生
発行者　片岡　巌
発行所　株式会社技術評論社
東京都新宿区市谷左内町21-13
電話 03-3513-6150　販売促進部
03-3513-6176　書籍編集部
印刷／製本　株式会社加藤文明社

定価はカバーに表示してあります

ISBN978-4-7741-8127-1　C3044
Printed in Japan